素說新語

朱振藩 著

目錄

・園中百蔬逾珍饈——田園蔬菜

・淮南祕術惠天下——豆製料理

・飯後一品精神爽——點心飲品

・識味老饕私房菜——素食名館

‧弄草蒔花亦美饌——野菜、花果

‧山海珍味皆無遺——筍、菇與海物

【推薦序】大道至簡的淵博

朱俊

初次遇見朱振藩老師，給我的第一印象，乃是高大而斯文，幽默風趣的談笑中透著博學和智慧。他對美食的熱愛超乎尋常，可見他是多麼地熱愛生活，也熱衷於美食中，獲得更多的人生哲理和美好。

我，至今進入餐飲行業三十餘載。不能說見過大風大浪，卻正好見證了中國餐飲發展最快的這個階段。這些年，中餐的國際地位也倍受矚目。

歷代食客們，隨著生活品質不斷優化，已從「吃飽」向「少而精」悄悄靠近。輕斷食、戒碳水、素食主義，都是當代人喜聞樂見的生活理念和方式，健康成為了食譜選擇的根本。

朱老師這本《素說新語》，用自己的親身經歷融入了不時不食，就地取材的時代理念。用不同角度，恰如其分地傳達了素食之美，人生之趣。的確是一本新語佳作。

在舊時，高級素菜中多為仿葷，從味至形，愈像則等級愈高。而現在，廚師們更喜歡用器和色來襯托自己的審美設計理念。當然是各有所長，或許後者缺少了那一點驚喜趣味吧！

希望讀者們在《素食新語》，細細品味裡面的精髓。從而更了解朱振藩老師這位美食大家大道至簡的淵博。

（本文作者為亞洲著名大廚，上海「食廬餐廳」創始人。現擔任世界烹飪聯合會中國菜系國際評委、副主席，及新加坡航空公司「國際烹飪團」唯一華人顧問，屢榮膺中國著名廚師及中國烹飪大師稱號。）

【自序】素食之道大矣哉

我讀《水滸傳》時，正值血氣方剛，前後看了五遍，不僅熟悉人名，且對於其綽號，也是瞭若指掌，兼有一些心得。比方說，「及時雨」宋（送）江，「智多星」吳（無）用等是。但當時青春年少，同時胃納極大，即使食有求飽，也常動心忍饞，總想大快朵頤。是以書中的「大口喝酒，大塊吃肉」，最能深得我心。

數十年下來，我這「食肉者鄙」，一直無肉不歡，狀況好的時候，吃個十斤八斤，也是小事一樁，佐飲白乾芳茗，尤能得其所哉！而今年逾花甲，身體已不如前，懂得均衡飲食，進而食素養身。此雖偶一為之，確能感受益處，增添生活情趣。

自單位退休後，時間自然多了，走訪神州各地，眼界為之一開，品了許多美味，當然包括異味，一些珍稀素材，無不納入腹中。例如在上海「老吉士」吃到的菠菜，葉綠身矮根紅，炒製之後，柔嫩多汁，根部肥嫩，整株可食，滋味絕佳。食罷，我才了解為何清代名醫王孟英在其食療名著《隨息居飲食譜》中，稱它可以「開胸膈，通腸胃，潤燥活血……根部尤美」了。面對此一冬令期間始有的尤物，有幸吃了三次，一次連吃個三、四株，葉嫩根爽，整棵食盡，心滿意足，不亦快哉！

關於食素，源遠流長。或示虔誠，齋戒沐浴；或為宗教，戒不殺生；或為修行，忌口靜心；或求體健，棄絕葷腥；或不得已，絕糧陳蔡。理由固有萬端，食之得用則一。偶爾換個口味，變點飲習好尚，其誰曰不宜乎！

山家及僧家，蔚成飲食風尚，像「大蔬無界」及「福和慧」等，已成名店名食，有幸都品嘗過，了解大勢所趨，其中寫的食記，載之於本書內，讀者如有興趣，既可書中神遊，亦當親身體會，了解新派素食。

約三年多前，食友兼文友的汪詠黛，見我日子太閒，推薦我在《人間福報》開個專欄，欄名「食說新語」，非但寫素，且寫全素。這個立意甚好，因而不揣固陋，且讀且食且寫，每兩週撰一篇。在日積月累下，居然超過百篇，可以結集成冊，交由台北印刻付梓，在夫妻的合作下，終能與讀者見面，這是我的素食體驗，幸也何如？是為序。

素饌宴飲有可觀——菜品、羹湯

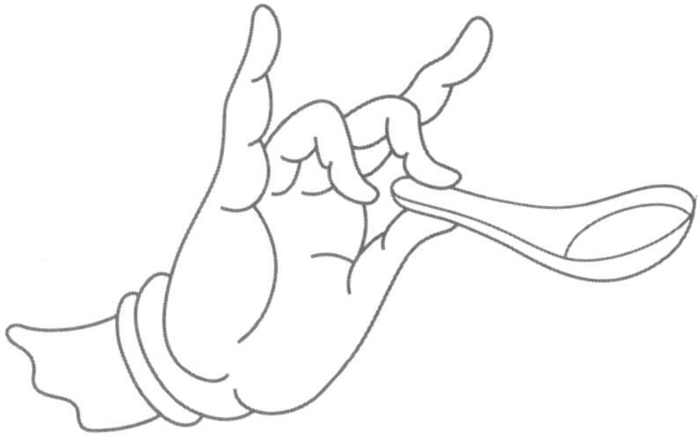

山家三脆素三鮮

在我的老家，有一道「素三鮮」，此菜極脆爽，食之頗有味，媽媽常製作，每樂在其中。據近人伍稼青的《武進食單》，便記載著：「將冬筍（亦可用綠竹筍、毛竹筍）及香菇切絲，與剁碎之雪裡蕻先後煸好，再加醬油、鹽、糖等佐料拌和起鍋，名曰『素三鮮』。」

這一素菜流傳極廣，不知它起源於何時？何地？唯在南宋之時，便有類似美味，名叫「山家三脆」，用料大致相同，亦有無窮滋味，載之於林洪所著的《山家清供》中。

書裡寫道：「嫩筍、小蕈、枸杞頭，入鹽湯焯熟，同香熟油、胡椒、鹽各少許，醬油、滴醋拌食。趙竹溪密夫頗嗜此。或作湯餅以奉親，名『三脆麵』。嘗有詩云：『筍蕈初萌杞採纖，燃松自煮供親嚴。人間玉食何曾鄙，自是山林滋味甜。』蕈亦名菰。」

文中的蕈，指的是菌類。今通稱為菇。基本上，蕈的氣味甘寒，古人認為「其味雋永，有蕈延之意」，因而得名。早在宋代之時，食菌十分普遍，當時家住仙居（浙江縣內）的陳仁玉，便撰寫了《菌譜》，介紹當地的菌，多達十餘種。但有的菌有毒，誤食可能致命，欲辨別有毒否，明人汪穎在《食物本草》一書裡，提供一個方法，此即「凡煮菌投以薑屑、飯粒，若色黑者殺人，否則無毒」。而今民智大開，已有資料可稽，甚至上網可查，似乎不必費勁，就能得知結果。

枸杞挺有意思。宋人寇宗奭《本草衍義》載：「今人多用其子，為補腎藥。」明人李時珍在《本草綱目》中，講得更為明確，指出：「枸、杞二樹名。此物棘如枸之刺，莖如杞之條，故兼名之。」其味甘平，美如葡萄。「久服，堅筋骨，輕身不老」。因此，道、釋之徒，每用它作為長壽補品。其實，枸杞頭（藤上的嫩葉）是很棒的菜蔬，有平肝、清肺的妙用，只是味苦性寒，故炒食莖、葉時，必須加點白糖，以解其微帶的苦味。

至於湯餅，就是湯麵。據宋朝《青箱雜記》載：「湯餅，溫麵也，凡以麵為食煮之，皆謂之湯餅。」因此，這個用嫩筍、小菌及枸杞頭製作的湯麵，配料都以甘甜香脆著稱，故雅名為「三脆麵」。山村鄉野之人，認為可和人間至美的玉食媲美，供奉父母長輩，藉以表示孝心。

又，嗜食「山家三脆」的趙密夫，號竹溪，是宋皇室後裔，其先祖趙廷美，乃宋太祖趙匡胤的四弟，被封為魏王。密夫曾中進士，生活尚稱優裕，亦愛舞刀弄鑱，製作「山家三脆」，或涼拌為冷盤，或下麵成澆頭，不愧清真雅士，透過林洪筆端，成為無上美味。

嫩筍、小蕈、枸杞頭，皆為春季的時令佳蔬，著眼新鮮爽脆，帶有春天氣息。如在炎炎夏日，則可換個法兒，做成不同素麵，其上面的澆頭，也可多多益善，不僅增加風味，同時更富營養。像家鄉的「素三鮮」，家母在製作時，常會酌添毛豆，偶爾加些金針，甚至把切絲的香菇，改成黑木耳。戲法人人會變，巧妙各有不同。只要透過實踐，並發揮想像力，餐桌上的食物，或可變化萬千。

五彩繽紛素什錦

在久遠的年代，中國有些地區，尤其是在山東，過年才吃的菜，統稱為「年菜」。其中有道素菜，由於備辦麻煩，平時並不製作，必須等到過年，才會大量燒製。北方因為天寒，在做好了以後，放上幾天不壞，人們飽食葷腥，總想換換口味，結果變成寵兒，成為應景雋品，其美妙的滋味，一直難以忘懷。

「素什錦」就是這麼一道大雜燴，後來通行大江南北，各有其特色，也有其絕活，縱橫交錯下，璀璨又一年。台灣真是個寶島，已集合各省之長，發揮得淋漓盡致。光就食材而言，可謂包羅萬有，取其十樣八樣，全部切得極細，一些講究人家，再依各料性質，一一分別炒之，都炒到乾而熟，接著混合為一，略加推炒即成。因為挺費功夫，平日無暇製作，只有在過年時，全家整個動員，才有口福一啖。

國人重視口彩，過年時更如此。喜歡事事如意，即為其中之一。如意這個飾品，素為吉祥象徵，長得最像它的，莫過於黃豆芽。因而「素什錦」中，總少不得此味，一般都會加它，討個吉祥如意。

如果以黃豆芽為主料，亦可當成新年佳餚。早在一甲子前，即在《台灣新生報》撰寫食譜的靜好夫人，後來發行《家常食譜》一書，在首則的「年菜」中，第一個便是「如意菜」。指出：「在黃豆芽中，再加入金針菜、木耳和筍片、青菜心等同煮，新春食此，象徵著一年萬事如意。」此法也是什錦，但比起用炒的，相對來得簡單，符合時下需求，而且隨時可做，方便且圖新鮮。

以寫食譜聞名的，尚有女作家劉枋，她祖籍山東，在北平長大。約半世紀前，以烹飪聞名。所撰的《吃的藝術》裡，有篇〈如意菜——黃豆芽〉，寫道：「炒黃豆芽，如果考究點，應該先把它放在乾鍋裡，煸淨了所含水分，然後再起油鍋炒之，這樣吃起來又香、又韌，如果加點辣椒同炒，再鹽味重些，是十分下飯的。」顯然吃多了年菜，用它當個過口菜，既能適口充腸，也是不錯良法。

劉枋又說，以黃豆芽拌粉絲，是個絕妙冷盤，過年葷膩過多，以此消積去油，可以振奮味蕾，胃口隨之而開。

大概在十幾年前，我品嘗個「素什錦」，居然沒有黃豆芽，卻稱做「開運年菜」，甚奇！原來「馮記上海小館」的馮老闆，為了能出奇制勝，乃別出心裁，於選材和作法上，稍作些變化，以區隔市場。一經推出後，因五彩繽紛，且味道全面，遂大受歡迎。它用十種素料，成品花團錦簇，堪稱老少咸宜，同時十分討喜，號稱「十全十美」。

這道年菜佳餚，其食材有青江菜、菜心、香菇（可用木耳替代）、筍片、板栗、紅蘿蔔（切菱形塊）、馬鈴薯（先炸至金黃）、白果及處理過的洋菜，佐以醬油、糖、鹽等調味料。除洋菜外，其餘以清水稍加燜煮，再經燴炒勾芡即成。起鍋的「素什錦」，先置於盤中，其中央留個洞，淋上一匙香油，最後擺上洋菜。造型古樸典雅，保持原汁原味，口感錯落協調，象徵吉祥開運，謂之「十全十美」，倒也名副其實。

總之，戲法人人會變，只要發揮創意，便能推陳出新，永遠過個好年，亦在情理之中。

半月沉江引食興

久慕「半月沉江」之名，老早便想一試。畢竟，能得名人加持的美味不少，但在素食界不多，而近一甲子以來，有此殊榮且名聞遐邇的，首推這一道菜。此次赴廈門大學演講，學者朱家麟作東，設宴於南普陀寺素菜館，邀閩菜大師童輝星指點，席中便有此菜，得償平生夙願，真是不亦樂乎！

福建省廈門市的名剎「南普陀寺」，位於五老峰腳下，據文學大家汪曾祺的描述，它「幾乎是一座全新的廟，到處都是金碧輝煌。屋檐石柱，彩畫油漆，香爐燭台，幡幢供果，都像是新的。佛像大概新裝了金，鋥亮鋥亮」。不過，此寺廟雖然甚新，但附設有素菜館，由於烹製的素菜，取名空靈典雅，佛門色彩濃郁，色、香、形俱佳，成為舉國知名的素菜館，甚至與該寺齊名，是以吸引著無數的遊客品嘗並欣賞。

掌廚的大師傅為自學成才，被譽為「素菜女狀元」的劉寶治。她以選料嚴格，刀工講究，烹製細巧，純素無葷著稱，而創製出的素菜，味鮮形美，凡上百種。這次所嘗到的名品，有「絲雨菇雲」、「香泥藏珍」、「椰風竹韻」、「南海金蓮」等，但論名氣之大及影響深遠，必以「半月沉江」稱尊。

一九六二年秋，著名的文、史家郭沫若到了廈門，在飽覽南普陀寺幽雅的景致後，品嘗該寺齋菜。等到開席之後，其拿手好菜遂一一上桌。其中的一道菜，半邊香菇沉於碗底，猶如半月落江中，造型不俗，滋味別致，這引起郭老極大興味，在品享完此珍饌後，不禁詩興大發，即席賦詩一首。詩云：「我從舟山來，普陀又普陀，天然林壑好，深憾題名多。半月沉江底，千峰入眼窩。三杯通大道，五老意如何？」以景入詩，琅琅成誦，舉座欣然道妙，此即其赫赫有名的〈遊南普陀詩〉。

正因題詩中有「半月沉江底，千峰入眼窩」之句，點出「半月沉江」的菜名，由是身價陡增，進而播譽中華。

這道菜的燒法特別，先把麵筋燒成柱狀，置於鐵鍋中，以花生油炸成赤色，撈出瀝盡殘油，浸沸水中泡軟，切成圓片後，放入砂鍋中，加香菇、當歸、冬筍（可用春筍替代）等料及鹽、水等，煮到麵筋發軟，即撈入湯碗內，揀去當歸，倒湯於碗中。另取一個碗，碗壁抹花生油，將香菇碼入碗，接著添筍及湯。最後取一小碗，置當歸片和水。此兩碗接著一併入籠蒸約二十分鐘，取出，再把菇、筍二物，倒扣於湯碗中。此外，另取一只砂鍋，倒入清湯，加些鹽、水煮開，撒些芹菜珠等，潷入小碗中的當歸湯調勻，然後起鍋，澆入盛有蒸料的碗裡即成。

此菜的做工繁複，具有湯汁鮮清、甘爽吐芳的特點，加上當歸有活血補虛之效，實為一具有保健作用的典雅素餚。經常品享，功莫大焉。我食之極欣喜，但覺渾身帶有勁，且心花亦朵朵開。

席間，童大師謂：「有人認為此菜扣於碗內，取名半月沉『潭』底，似乎更確切點。」食客聽其言後，感覺更深一層，中國字的奧妙，在於一字之改，往往尤為貼切，信然！

年菜雋品十香菜

早在幾世紀前，每逢過年時節，家家備辦年菜，好不豐盛熱鬧，飽啖葷腥之餘，為了清爽適口，必準備素什錦。這菜大有名堂，堪稱變化萬千。北方稱「炒鹹什」，南方叫「十香菜」，又叫「八寶菜」。由於純素無葷，平常較罕製作，過年卻不可少，想來很有意思。

素什錦的食材，的確琳瑯滿目。舉凡白蘿蔔、胡蘿蔔、黑木耳、黃花（金針）、豆腐皮、豆腐乾、醬薑、醬瓜、冬菇、冬筍、榨菜、芹菜、麵筋、腐竹等，無一不可入饌，且可任意搭配，或八樣，或十樣，甚至十二樣，豐儉隨人意，只要滋味好，其誰曰不宜？但有一樣必不可少，那就是黃豆芽。它的形狀像如意，故有「如意菜」之稱。每逢新年時，為圖好口彩，多吃如意菜，凡事求順當。

製作素什錦時，訣竅在其刀工，各式各樣食材，不僅要切得細，長短力求一致，才易翻轉炒透；同時不加味精，醬油用淺色者，望之漂亮光鮮。謹記用素油炒，全炒到乾而熟，再混著炒即成。菜冷後再吃時，可略加麻油拌，食來別有風味。

其實在過年期間，純吃個炒黃豆芽，或吃「金鉤掛玉牌」，雖較素什錦料簡，但其精彩奧妙處，似乎亦不遑多讓。這些皆是家常菜，手法卻因人而異，而且都大有滋味。

文史大家唐振常，本身亦是個食家，對食文化研究深。曾舉炒黃豆芽之例，力辯川菜並非皆辣。指出：「按我家通常之食，……有的則明顯可以加辣而不加辣者，如炒黃豆芽。」他是四川人，明白四川家庭都喜愛吃這一道，既廉價又可炒出美味。比方說，有位親戚每飯必有此菜，「炒得極嫩，不加醬油而加鹽，只在炒成後，澆上少許紅油辣椒」。另一位乃「濃油重炒，豆芽已炒成乾癟狀，調味品種極多，以紅油辣椒為主，還需加芝麻醬，炒成後，湯汁竟及碗之半」。至於他母親炒的黃豆芽，「則在兩者之間，不濃不淡，略加醋，絕不加辣」，最宜佐飯。我生而有幸，三者皆嘗過，脆爽有嚼頭，食罷甚難忘。

而「金鉤掛玉牌」說穿了，就是用切片的白豆腐或水豆腐（即豆花、豆腐腦）煮黃豆芽而已。製作甚簡易，先放黃豆芽，再放豆腐片，只用清水煮，湯內加細鹽。待其已煮熟，先食鍋內料，接著再喝湯。蘸著醬汁吃，頓覺精神爽。

蘸料主要為糍粑辣椒，它亦稱糊辣椒，乃貴州傳統並特有的烹飪調味品。其製法不難，先選妥肉厚而不太辣的乾辣椒，在洗淨、去蒂、浸泡後，把水濾乾，接著與去皮的生薑、蒜粒，一起放擂缽內搗爛，然後用小火微煉，俟其冷卻，即裝瓶罐內備用，目前已有現成品。其特色為油色紅亮、辣而不猛，香味濃郁，以此提味，有畫龍點睛之妙。

此外，也能變個法兒，將紅、白蘿蔔及竹筍、香菇切塊，西芹切段，芥菜、大白菜、高麗菜剁片，一起投入食畢「金鉤掛玉牌」的鍋中，亦蘸著糊辣椒加醬油、醋等同享，也算是個另類的素什錦。

值此年假期間，將以上這些素什錦、炒黃豆芽等菜，或替換著吃，或一起薦餐，除了去油除膩、滌淨心靈外，也可玩玩花樣，增添生活情趣。

美味素菜羅漢齋

中國人吃素的歷史，可追溯到周代時，當時素食便齋戒，且已一體奉行了。而寺院開始吃全素，則始自梁武帝。篤信佛教的他，以大護法、大教主自居，嚴守一日一餐，曾下〈斷酒肉文〉詔令。這些寺院在斷酒肉後，素饌即應運而興，並取得重大發展。

唐朝禮佛風氣極盛，大小寺院林立，且均設有膳房（稱「香積廚」），除自行料理伙食外，亦對香客供應素饌及素席。佛門並稱之為「素齋」或「齋菜」。由於搭伙的人實在太多，寺院只好燒大鍋菜應付，「羅漢齋」這道菜於焉產生。

「羅漢齋」又名「羅漢菜」，一般用料在十種左右，如多達十八種，則稱「羅漢全齋」（亦即十八羅漢，一個不少）。因而歷代人士在佛門設素席時，莫不備辦此菜，以示隆重之意。

到了清朝，不光寺院有「羅漢齋」供應，民間甚至宮廷，亦經常製作，變得有點家常菜的味道。薛寶辰在《素食說略》中，便載有「羅漢齋」的用料和作法，很有參考價值。他說：「羅漢菜，菜蔬瓜蓏之類，與豆腐、豆腐皮、麵筋、粉條等，俱以香油炸過，加湯一鍋同燜，甚有山家風味。」

至於宮廷內的「羅漢齋」，倒底是怎麼燒的？讀者想必興趣濃厚，這可從愛新覺羅．浩（末代皇帝溥儀的弟媳婦，原名嵯峨浩，是日本嵯峨勝侯爵的女兒，於一九三七年嫁給溥傑）所著的《食在宮廷》一書內，找到答案及作法。

她說：「在滿族的習俗中，從新年的第一天至第五天都要吃素。這些素食，大多是模仿寺院的齋食精製而成，……『羅漢齋』即其一例。」

其作法為：「將白菜切成三公分見方的塊。將胡蘿蔔和山藥削去皮，分別切成長三公分、寬一點二公分的滾刀塊。將豆腐切成長三公分、寬一點五公分、厚六公厘的薄片。用開水將口蘑浸泡二十分鐘，然後切成長三公分、寬一點二公分、厚六公厘的薄片。用開水把腐皮浸泡二十分鐘，然後劃成三公分、寬一點二公分的薄片。木耳用開水浸泡十分鐘後，擇洗乾淨。乾黃花（即金針）用開水浸泡三十分鐘後，每根切成兩段。將鮮薑切成末。」

當這些前置工作完成後，「鍋內倒入香油，燒熟後將山藥、胡蘿蔔和豆腐分別炸約三分鐘撈出」。隨即「在另一鍋內放入醬油，燒開時，投入薑末和白菜，稍炒後加入水，燒開後下全部原料，加入適量鹽，改用小火，煨四十分鐘左右，待白菜軟爛而不碎時，即可出鍋供膳」。

享用此宮廷菜時，切記「趁熱食之最美」，於萬不得已情形下，「涼後加熱再食也可以」，只是風味為之遜色！

我曾在粵菜館中，品嘗其「羅漢全齋」，它是用髮菜、冬菇、冬筍、素雞、鮮蘑、金針菇、木耳、熟栗、白果、花菜、胡蘿蔔等，在初步處理後，放在砂鍋內，燴成一大鍋，料鮮而豐富，真的很過癮。吃法有兩種，一放腐乳汁，一襯乾荷葉，前者色頗豔，後者帶清香，各有各的美，食之有別趣。

食芥末墩迎新春

北京人過年時，餐桌上的素菜，有一道最熱門，那就是「芥末墩」，俗名「芥末墩兒」，亦稱「芥末白菜」。別看它不起眼，若論解膩開胃，必以此為第一，號稱首席素菜，其受歡迎的程度，恐居「素什錦」之上。

早年在北京時，一到臘月二十七、二十八，家家戶戶就開始準備此菜。起先是挑選緊密結實的青口大白菜，除去老菜葉，只取中段或菜心，切成一寸厚、一寸多粗的圓墩狀，用馬蘭草或錢串把它拴緊，燒鍋開水略焯，個個半生不熟，其時間不能長，否則無脆勁兒。

接著將焯好的菜墩，趁熱裝進小瓷罈中，逐一碼整齊了，碼一層菜墩兒，塗抹一層芥末糊和白糖，直到擺滿三分之二罈，然後濾去水中浮沫，略涼即倒進罈裡，迅即封嚴瓷罈蓋子，為了密不透風，外面裹以被子，放在暖和所在，讓芥末的辣味，可以充分發透。過了兩三天再打開，也就是吃年夜飯時，芥末的辣味便直接衝鼻。而在享用之際，把一個個牙黃色的小墩兒，整齊地放在盤裡，吃貨崔岱遠認為：「點上米醋和香油。吃一口，甜酸清脆，開竅通氣，痛快！」另，食家周紹良在《餕餘雜記》中寫道：「這『芥末墩』吃時，有一股衝氣直達鼻腔，有時連眼淚都被嗆出，但人們仍然都喜歡它，大家認為吃了它，感到頭腦清爽，好像吃了一帖清涼散。」

我在金門服兵役時，隊上主膳食的弟兄，乃當時位於台北西門町「致美樓」的主廚，他名叫胡玉文，年紀輕輕，刀火功高，手藝了得。「致美樓」是個北方館子，從老師傅那邊，他習得全掛子本事。在部隊吃年夜飯圍爐的當兒，桌上必備有此菜，我一吃就喜歡上了，連吃它個三、五天，一樣能樂在其中。或許過年時，天天都加菜，大吃大喝後，食此清爽菜，能重啟味蕾，既開胃生津，又全身帶勁，再大開吃戒。

不過，胡廚所製作的，只是簡易法子。先去白菜老葉，只取大白菜心，切寸許厚小段，用草繩拴緊後，放在鍋裡一焯，取出時還帶汁，把它放置盤中，撒上調勻的芥末粉和白糖，金門的冬天冷，很快即能涼透，芥末糊和白糖，已被充分吸收，馬上就完成了。不像古早方法，又要放瓷罈中，也要擱上幾天。它比起正統的作法，效果可能差些，但那一股衝氣，照樣引人饞涎。

我和玉文私交甚篤，退伍之後，常去「致美樓」打牙祭。有次在過年前，他贈我一瓷罈，裡面的玩意兒，就是「芥末墩兒」，直吃得眉開眼笑，絕對是過個好年。可惜他婚後就去美國德克薩斯州發展，從此斷了音訊，而今回想起來，猶有淡淡哀愁。

頂級廚娘黃媛珊，是位主中饋高手，她在近半世前出版的《媛珊食譜》中，其內便有「芥末白菜」。刀工須細膩，在下刀時，刀要斜著，菜才會薄，可以進味。然而，她的調味料內，沒有白糖，卻用鹽和醬油。同時醋用香而不酸的鎮江醋，再與鹽及醬油一起調味，「攪匀合後，把鍋蓋蓋上，悶一回，候涼了，即可留著作涼盆」。這種作法挺特別，我當然沒有吃過，但其能「解膩開胃」，想必異曲而同工。

素饌亦可臻大同

「羅漢菜」和「羅漢齋」一樣，均為寺院備辦之菜，其後在宮廷及民間廣為流行。兩者之名雖異，其實大致相同。根據清人薛寶辰的講法，「羅漢菜」古已有之，「甚有山家風味」，並引元代大書法家鮮于樞的詩句「童炒羅漢菜」，證明其源遠流長，同時它不僅可以做菜，還可當成主食充饑，是年長者的恩物，長年食用，有益健康。

有則軼事深得我心。「羅漢菜」意即沒有貴賤之分，大家都是羅漢，一視同仁。此一說法源自福建，相傳清順治三年，定光、伏虎二古佛在長汀「顯靈」，汀州府八縣的名山古剎，計有數百僧尼，聞訊雲集汀城，乃在西門外羅漢嶺的羅漢寺中，舉行盛大廟會。寺僧用羅漢井水烹飪素菜，設宴款待他們。素席達數十桌，並特地燒一桌上饌，供十八位高僧食用。當高僧們巡視各席，發覺菜餚差別甚大，隨即吩咐將主桌的上等素菜，搭配均分給各桌，讓僧眾共嘗美味，姑且不論此事真假，迄今當地的人們，一直津津樂道。

此菜譜保留於《長汀傳統食品》一書中。其製作方式，大致是——芋頭去毛皮，洗淨，切成片；腐竹洗淨水發，再切成三公分長的條段；冬筍去殼切片；冬菇洗淨水發；備齊各料待用，鐵鍋置花生油，燒至冒青煙時，先將切好成三角形的豆腐，炸至金黃色，撈起；接著把芋頭片裹以地瓜粉，炸至金黃色，亦撈起待用。鍋內隨即傾入大量冷水，待水滾後，把芋頭片、油豆腐、腐竹、麵筋、冬菇、冬筍等料，一一入鍋內煮，最後酌加金針（黃花菜）和些許細鹽，藉以增豔助鮮。

此菜花色多樣，濃香四溢，味美鮮甘，確實不凡。

然而，這種大鍋菜固美，用小缽燒亦佳，旨在發揮各料之長，納眾味於一鍋，使其互逞佳味，達到君子「和而不同」的境界，堪稱鍋文化的代表。就在同一時期，這種山家風味，開始強調主味，追求特色鮮明，表現在素菜上，尤其是花果類，綻放新的風采。此法亦出自寺院，可謂錦上添花，臻盤文化的頂峰。

清初人錢泳的《履園叢話》記載：「近人有以果子為菜者，其法始於僧尼家，頗有風味。如炒蘋果、炒荸薺、炒藕絲、山藥、栗片，以致油煎白果、醬炒核桃、鹽水熬花生之類，不可枚舉。又，花葉亦可以為菜者，如胭脂葉、金雀花、韭菜花、菊花葉、玉蘭瓣、荷花瓣、玫瑰花之類，愈出愈奇。」

其實，以上所舉者，南宋林洪的《山家清供》一書，即記載了甚多，只是流行不廣，清初始成風氣，今則視為平常。但它與「羅漢菜」，兩者並行不悖，可以「求同尋異」，沛然莫之能禦；而且同納一桌，食客自擇所好，營造融洽氣氛，不也其樂融融！

二〇一二年秋，應邀至洛陽市的「真不同」飯店用餐，這裡非比尋常。早年周恩來曾在此設宴，款待加拿大的杜魯道總理，共品「牡丹燕菜」，傳為食林盛事。待我嘗完其著名的「水席」後，隨即在眾目睽睽下，題寫「同中尋異，異中求同，食界大同，真正不同」十六字。如以此置諸素饌內，當可放四海而皆準。

鼎湖上素盡善矣

若論起最高檔的素菜，曾兩度列入滿漢全席（一為鍾徵祥《食在廣州》內的「粵式滿漢全席」，另一為北京「大三元酒家」滿漢全席）中的「鼎湖上素」，肯定當之無愧。

這道菜的由來，一說是清朝初年，廣東鼎湖山慶雲寺的一位老和尚，為滿足遊山「貴客」的口腹之欲，挖空心思製成；一說則是清末該寺的慶雲大師曾到廣州六榕寺說法，當地信徒在位於西門的「西園酒家」設宴接待，並敬奉該酒家最拿手的「十八羅漢齋」。此菜在製作上，取用三菇（北菇、草菇、蘑菇）、六耳（雪耳、木耳、石耳、榆耳、桂花耳、黃耳）、髮菜、竹蓀、湘蓮子、白果、佛手果、銀針、筍肉、炸面筋等珍貴食材，以麻油、醬料和黃酒調味，逐樣以上湯煨透，再排列成十二層，層次分明，形狀美觀。慶雲大師仔細品味，覺得原料雖好，但味道卻平平，不禁連說：「惜乎，惜乎！」大廚聞知，忙打躬作揖，詳詢原委。大師遂露一手，提出用料大抵相同，但烹製細節有所變更的獨到見解。大廚後依法炮製，遂做出味道更勝於昔的上好素菜，為了紀念這段奇緣，特命名為「鼎湖上素」。

上世紀二〇年代時，主政「西園」綽號「八卦田」的大師傅，承襲傳統技藝，食材尤其講究，把「鼎湖上素」推向頂峰，成為宴席上的首席大菜，號稱「素齋中最高上素」。

製作此菜時，先將焯過或處理過的榆耳、黃耳、鮮草菇、竹蓀、鮮蓮子、筍（筍刻成筍花）、白菌等一起入鍋，用上素湯及調味品煨過。銀耳、桂花耳另單獨煨。再將燉或焯過的各料一起入鍋，加調味品燜透，取出用淨布吸去水分，取大湯碗乙只，按白菌、香菇、竹蓀、草菇、黃耳、鮮蓮子、蘑菇、筍花、榆耳的次序，各取其一部分，從碗底部向上，依次分層（每一層擺一圓圈食材）排好，再將剩餘各料，全部放入碗中填滿。把碗扣在巨碟上，使之成層次分明有序的山形。然後以料酒、素上湯、蔴油、白糖、醬油、溼馬蹄粉等兌成芡汁，入鍋烹起，隨即把多量芡汁淋在碟中。末了，取桂花耳放在「山」的頂部正中，銀耳放在腰圍，菜心、炒熟掐菜（即截頭去尾的綠豆芽）依次由裡向外鑲邊，再將剩餘芡汁，澆在桂花耳、銀耳之上即成。

「鼎湖上素」以色彩典雅、層次分明、鮮嫩滑爽、清香適口，而為人所津津樂道。若要依式製作，必須用料實在，加上無比耐心，循序依序製作，不可絲毫馬虎，不可半途而廢，發揮各料之長，融鑄而成絕味，只要堅持不苟，有如一心向善，保證大放異采。

涼拌美味素拉皮

已故食家唐魯孫，精研飲食、掌故等，人生閱歷豐富，足跡遍及大江南北，且記憶力過人，凡所見聞，經久不忘，兼且文筆雋永，吸引廣大讀者，曾在食林中，領一時風騷。

他在《什錦拼盤》一書中寫道：「北平（今北京）人吃素菜，講究到尼姑廟『三聖庵』去吃。庵裡的素拉皮，也是非常出名的，不但粉皮是自己做的，就連小磨麻油、青醬，高（粱）醋也都是廟裡磨研釀造的……她們拌拉皮用焦炸麵筋末，先把麵筋餵好作料，在滾油炸焦壓碎，用來拉粉皮，香脆溫潤兼而有之，可算素菜中雋品，也算拉皮裡的別格。」這等精緻拌菜，我迄今未嘗過，曾經想方設法，一心如法炮製，可惜均未成功，或許關鍵在粉皮上。

原來曾經在台灣盛極一時的北方飯館，起先全是自己做粉皮，務使溫潤細嫩，望之晶瑩透明，而且削薄剁窄，筷子一挑送嘴，可以突魯而下，真是適口充腸，同時沁人心脾。難怪好此道的，一直讚不絕口。只是到了後來，其所用的粉皮，都是用乾粉皮泡製，因為泡得不均勻，而且時間拿不準，以致軟硬不一，加上厚薄各異，甭想削薄剁窄，難以筷子挑起，更別提吸吮之樂了。

為免有混濁之氣，出家人忌食蔥蒜，尤有甚者，芥末亦在禁用之列。然而，民間的素拉皮，慣常使用芥末，就我個人而言，所嘗過的每家，莫不如此，即使不是北方館子，其在拌素拉皮時，亦以此一調料為之。之所以會如此，且聽我說分明。

基本上，芥末為麻辣調味品類烹調原料。用十字花科蕓薹屬一年生或兩年生草本植物芥菜成熟的種子，經碾磨所製成的粉末狀調料，以其味辣，故又稱「芥辣粉」。早在周代時，王宮已使用，亦稱為芥醬，迄今已逾三千年。芥菜原產中國，種子呈球狀，多為黃顏色，現兩岸均有栽培。

芥末是調製芥末味型的重要調料，其品種有淡黃、深黃和綠色之分，以含油多、辣度高、無異味、無霉變為佳。其在運用上，用溫開水攪拌成糊狀，在常溫下經一到二小時燜製（即酶解），待發出強烈的辛辣氣味後，即可使用。常見於涼拌菜餚及小吃，「芥末拌涼粉」（即素拉皮）、「芥末西芹」等，皆是著名的素饌，亦能用於麵食，廣泛運用於北方飯館中。唯它富含油脂，必須注意防潮。

另有一種芥末油，亦以芥菜籽為原料，經浸泡、粉碎、調醋、水解、蒸餾，再加入熱油中，精煉而成的油脂。它和芥末粉一樣，主要起提味、解膩、增進食欲等作用。

此外，中醫認為，芥子味辛性熱，具有通筋脈，消腫毒，溫中開胃、發汗散寒、化痰利氣的功效。適時適度適量，將有一定助益。

台灣而今仍吃得到好「素拉皮」者，應是台北的「天廚菜館」。其製作上頗有特色，先將粉皮疊成長條，再切成寬條狀；小黃瓜擦成細絲，滷好的豆乾亦切成絲狀；接著盤中整齊疊放粉條，上置黃瓜絲、豆乾絲，移至冰箱冰涼。於取出後，拌勻已混合熱水的芥末粉，並在上桌前，澆淋醬油、醋、高湯、麻油、芝麻醬調成的醬汁即成。

若論其奧妙處，則在辛香悅胃，縱百吃亦不厭。

天竺酥酡玉糝羹

或許體熱關係，酷嗜寒涼食物，即使隆冬時節，或是春寒料峭，就我個人而言，特愛蘿蔔一味，不論涼拌、煮湯，都吃得津津有味。當然啦！涼拌以切絲為佳，品其脆爽有韻；如果切塊煮湯，必以爛熟為度，望之晶瑩剔透，著齒有如碎玉，食之歡欣鼓舞，非過癮不罷休。

蘿蔔屬十字花科，為一至二年生的草本植物，古稱雹突、蘆菔、萊菔、土酥等，主要以肉質根供食用，嫩葉及芽亦可食，其性味為甘、辛、平、微涼、無毒。

中國種植蘿蔔的起源極早，西漢初的《爾雅》，便記載此物。而到了北宋時，蘿蔔的栽培甚廣，遍及南北各地。故明人李時珍提及蘿蔔時，便說：「萊菔今天下通有之。」

在烹調應用時，蘿蔔一般按上市季節和其老嫩程度而分別應用。它適用多種烹法，常用於燒、燉、拌、煮等。除直接清煮外，最簡單的方法，莫過於「玉糝羹」了。

這款歷史名菜，竟於意外得之。據《山家清供》的說法，原來蘇軾有次和老弟蘇轍飲酒而酣，或許是口渴，也可能肚餓。於是取個蘿蔔，用木槌敲爛後，再把白米研碎，不加其他調料，煮他個稀巴爛，不知有否放涼，立刻送口食用。他在享用之際，突然放下筷子，並手撫几案說：「若非天竺酥酡，人間絕無此味」，並賜名「玉糝羹」。

文中所謂天竺，為印度的古稱。《後漢書‧西域傳》謂：「天竺國，一名身毒，在月氏（西域古國名）之東南數千里。」而酥酡此一古印度酪製食品，公認為唐、宋迄今的色、香、味俱全的美食，它是用乳酪和麵製成的奶湯。依《法苑珠林》的說法：「諸天有以珠器而飲酒者，受用酥酡之食，色觸香味，皆悉具足。」

這個人間至味，料理十分簡單，即使廚藝平常，也能有可觀處，妙在師法天然，絕不矯揉造作，遂能矯矯不群，超乎凡品之上。不過，「玉糝羹」不一定得用蘿蔔，至少可代以薯芋。原來蘇軾謫居嶺南時，隨侍在側的三子蘇過，有天「忽出新意」，發明了用山芋（即山藥）為主料的羹品，這挺對他的脾胃，認為「色、香、味皆奇絕，天上酥陀（即酡）則不可知，人間絕無此味也」。並作詩讚之，云：「香似龍涎仍釅白，味如牛乳更全清。莫將南海金齏膾，輕比東坡玉糝羹。」其美妙的滋味，竟把被隋煬帝譽為「東南佳味」的「金齏玉膾」給比了下去，推崇極矣，由此可見。

話說回來，李時珍稱蘿蔔「乃蔬中最有利益者」，這話可一點不假，觀看些俗諺即知。例如：「常吃蘿蔔常喝茶，不用醫生把藥拿」；「蘿蔔進城，藥鋪關門」；「冬吃蘿蔔夏吃薑，不勞醫生開處方」等即是。事實上，就保健功能言，蘿蔔主要是防癌，進而能抗癌，但得視體質而定。此外，其含量豐富的鈣、鐵、膽鹼及甲硫醇等物質，具有降低血脂、穩定血壓、軟化血管和防止冠心病的作用。而生食蘿蔔，尚可預防流行性感冒、上呼吸道感染、腦膜炎與白喉等症，好處多多，不勝枚舉。

蘿蔔另有「理顏色……輕身，令人白淨肌細」的妙用，經常食用，甚利美容，比用保養的化妝品，在效果上應不遜色，或恐過之。

佛家名食臘八粥

老北京有個童謠，描繪具體而生動，一起首就是「小孩兒小孩兒你別饞，過了臘八就是年。臘八兒粥喝幾天，哩哩啦啦二十三」。那麼臘八（農曆十二月八日）為何要喝粥呢？這可是有段古的，而且還源遠流長。

農曆十二月，年關已近了，而初八那天，依佛門習俗，一定要喝粥，故又稱「佛粥」。據傳釋迦牟尼當天成佛，且在得道前，曾受牧羊女供養「乳糜」，於是後人遂於當天喝粥紀念。此最早見諸文字者，乃北宋孟元老的《東京夢華錄》，書上寫道：「諸大寺作浴佛會，並送七寶五味粥予門徒，謂之『臘八粥』。都（指河南汴京）人是日各家亦以果子雜料煮粥而食也。」

另，南宋周密《武林舊事》更進一步記載，十二月「八日，則寺院及人家用胡桃、松子、乳蕈、柿、栗之類作粥，謂之『臘八粥』。」可見在兩宋時期，人們在臘月初八食粥，已相沿成風，並留傳至今。

到了元代，正式以臘月初八日為臘八，並在這一天煮「臘八粥」供佛飯僧，且從宮廷到民間，莫不如此。熊夢祥的《析津志》即云：「是（指十二）月八日，煮紅糟粥，以供佛飯僧。都中官員、士庶作朱砂粥。傳聞，禁中一如故事。」而此故事，乃孫國敕《燕都遊覽志》所謂的「十二月八日，賜百官粥，以米、果雜成之，品多者為勝」。至於在粥內加紅糟及朱砂，於色澤豔麗之外，尤重視食療效果。

明宮廷的「臘八粥」，製作更為精巧，如劉若愚《酌中志》指出：「初八日吃『臘八粥』，先期數日，將紅棗搥破、泡湯，至初八早，加粳米、白米、核桃仁、菱米煮粥，供佛聖前……舉家皆吃，或亦互相饋送，誇精美也。」至於改成去核紅棗，妙在保留其色美豔，尤重食療價值。

有清一代，「臘八粥」有了進一步的發展，甚至攀至頂峰。這個佛門佳味，原本至清且素，但流傳到民間，在一般家庭中，漸失佛教意義，成為節日食品，富有生活情趣。但它在宮廷中，仍具宗教意義，且含政治意義。因而《京都風俗志》便說：「黃衣寺僧，亦多作粥。」後來成為定制，「臘八粥」歸由駐錫雍和宮的喇嘛熬製。喇嘛就是黃衣寺僧。而且《燕京歲時記》更云：「雍和宮喇嘛，於初八日夜內，熬粥供佛。特派大臣監視，以昭誠敬。其粥鍋之大，可容數石米。」

諸君試思，當年許多喇嘛，在準備果料後，圍著那可容數石米的大銅鍋，此時沒有電燈，由油燈盞照耀，忙亂下熬著粥，而穿貂掛、帶朝珠、大紅頂子、戴海龍暖帽的大臣，在旁隆重監視熬粥，這是何等景象！如以今日觀點，委實不可思議，更帶著十足的神祕感。

此外，《光緒順天府志》亦載有「臘八粥」，一名「八寶粥」，「其粥用粳米雜果品和糖而熬，民間每家煮之，或相饋遺」。此習俗台灣早年亦有，已故超級廚娘王宣一生前，於每年臘月初八日，必熬一大鍋此粥，除自用之外，亦分贈親友。料繁味厚，火候精準，確為美味。我因緣際會，有機會嘗此，口福真不淺。自她香消玉殞，無法再嘗此味，寒冬思及故人，不亦痛哉！

芳甘絕倫百歲羹

二十餘年前某夜，在特殊機緣下，曾和某些報界前輩用飯。其中一位長者對我說：「吃過薺菜否？」答以：「吃過薺菜餡的餛飩和水餃。」他隨即背出汪曾祺〈故鄉的野菜〉一文，說道：「薺菜焯過。切碎，和香乾細丁同拌，加薑米，澆以麻醬油醋，或用蝦米，或不用，均可。這道菜常摶成寶塔形，臨吃推倒，拌勻。」說得口沫橫飛，加上手舞足蹈，是以印象極深。後來央家母依法試做，味道出奇地好，博得一致好評。汪文另謂：「拌薺菜總是受歡迎的，吃個新鮮。」我有親身體驗，證明所言不假。

所謂的「百歲羹」，就是指薺菜，典出北宋陶穀的《清異錄》，指出：「俗呼薺為『百歲羹』，言至貧亦可具，雖百歲，可長享也。」而且數量極多，故王鴻漸《野菜譜》有歌曰：「薺菜兒，年年有，採之一二遺八九。今年才出土眼中，挑菜人來不停手。而今狼藉已不堪，安得花開三月三。」又，它的別名亦有淨腸草、菸盒草、枕頭草等。

對薺菜的稱頌，始於《詩經・邶風・谷風》。詩云：「誰謂荼苦，其甘如薺。宴爾新婚，如兄如弟。」此詩描述一位被丈夫遺棄的婦人，她心中的哀怨之情。將荼之苦味與薺之甘甜，形成了強烈對比，薺因而成為甜蜜生活之象徵，遂有甘薺之美名。

歷來對薺菜的讚譽甚多，如西漢董仲舒《春秋繁露》稱：「百草中可食者最多，薺菜……草中之美品。」南宋陸游的「唯薺天所賜，青青被陵崗」；「春天薺美忽忘歸」；「涼薺此際值千金」等等，不勝枚舉。至於其滋味，那就細數不盡，其中犖犖大者，則是薺羹。

薺羹鮮美異常，蘇軾認為可與水陸八珍匹敵，曾寫信給徐十二，不僅大力推薦，並將其滋味、療效及作法等，寫得一清二楚，頗具參考價值。

東坡先寫著：「今日食薺極美，念君臥病，麵、醋、酒皆不可近，惟有天然之珍，雖不甘於五味，而有味外之美。」由於徐十二罹患瘡症，蘇乃認為：「薺，和肝氣明目。凡人夜則血歸於肝，肝為宿血之臟，過三更不睡，則朝旦面色黃燥，意思荒浪，以血不得歸故也。若肝氣和則血脈通流，津液暢潤，瘡疥於何有……故宜食薺。」

蘇軾燒薺羹之法，為「取薺一、二升許，擇淨，入淘米三合，冷水三升。生薑不去皮，捶兩指大，同入斧中。澆生油一蜆殼，當於羹面上，不得觸，觸則生油氣，不可食。不得入鹽醋」。

末了，他還諄諄告戒徐十二說：「君若知此味，則陸海八珍，皆可鄙厭也。天生此物以為幽人山居之祿，不可忽也。」另，此薺羹最早出自東坡筆下，故世稱「東坡羹」。陸游特愛食薺，曾經進行仿製，並賦七絕一首以誌此事，詩云：「不著鹽醯和滋味，微加薑桂助精神。風爐歙鉢窮家活，妙訣何曾肯授人？」並認為它是「芳甘妙絕倫」。

薺菜做羹或粥，北京人稱「翡翠羹」，陝西則稱為「水飯」或「珍珠繫翠花」。而咱朱家的「薺菜豆腐羹」堪稱一絕。此菜豆腐要嫩，湯要清，薺菜夠綠，搭配火腿丁（食素不用）、香菇丁等，和以油脂，撒些胡椒粉，食味清爽可口，乃春日之妙品也。

清鮮神品驪塘羹

猶記三十年前，初讀王安石〈送監簿南歸〉詩，筆力雄健渾厚，感受蒼涼境界，此詩云：「不見驪塘路，茫然四十春。長為異鄉客，每憶故時人。水閱公三世，浮雲我一身。濠梁送歸處，握手但悲辛。」後來我才知道，驪塘位於江西省臨川縣，為王安石的故鄉，後世建有書院，此即「驪塘書院」。

南宋的食家林洪，曾作客於該書院，據他的現身說法，每次吃完飯後，必端出菜湯，「清白極可愛，飯後得之，醍醐、甘露未易及此」。此湯竟然能與醍醐、甘露媲美，滋味甚至超越，其推重可想而知。

而所謂的醍醐，指的是酪酥上面的凝聚物，其味極甘美。清代名醫王士雄在《隨息居飲食譜》中，認為酪、酥、醍醐這三物，皆為「牛、馬、羊乳所造，酪上一層，凝者為酥，酥上如油者為醍醐，並甘涼潤燥，充液滋陰，止渴耐饑，養營清熱」。同時它可借喻美酒，如白居易的〈將歸一絕〉，云：「更憐家醞迎春熟，一甕醍醐待我歸。」

至於那甘露，乃前著所云的露水，尤妙不可言。王士雄指出，它能「甘涼潤燥，滌暑除煩，若秋（指立秋）前之露，皆自地升，蘇（軾）詩『露珠夜上秋禾根』是已。云秋禾者，以禾成於秋也。稻頭上露，養胃生津；菖蒲上露，清心明目；韭葉上露，涼血止噎；荷花上露，清暑怡神；菊花上露，養血息風」，莫看只是露水，還真妙用無窮。

謎底隨之揭曉，此湯汁的作法，林向廚師請益，原來是將茶葉和蘿蔔細切後，用井水煮至爛透即成。望之甚為簡單，關鍵在於井水，由於井水是「泉之清潔者也」，按元人賈銘在《飲食須知》的說法，井水「味有甘淡鹹之異，性涼。凡井水，遠從地脈來者為上……平旦第一汲為井華水，取天一真氣浮於水面，煎滋陰劑及煉丹藥用」。我只是好奇，煮此「驪塘羹」所用的井水，是否亦來自地脈，而且是在清晨第一次汲取之後？

又，古稱萊菔，又名蘆葩的蘿蔔，今名乃訛稱。據李時珍在《本草綱目》裡的考證：「上古謂之蘆萉，中古轉為萊菔，後世訛為蘿蔔」，其味辛而甘，有「化積滯、消痰、止咳、解酒毒」等功效。不知是啥原因，我特愛食蘿蔔，亦愛其衍生品，如菜脯、醬蘿蔔之類。它的好處多多，尚有「消豆腐積，殺魚腥氣。熟者甘溫，下氣和中，補脾運食，生津液，禦風寒，肥健人，止帶濁，澤胎養血」等作用，而且「四時有之，可充糧食」。《膳夫經》云：「貧窶之家，與鹽、飯偕行，號為三白。」乃「蔬中聖品」。

這個「三白」很有意思，乃一撮鹽、一碟生蘿蔔、一碗白米飯。劉邠曾請蘇軾品嘗，號稱「皛飯」。蘇軾食罷，則以「毳飯」回敬，傳為食林佳話。我在想，飽食葷腥之後，為了減輕腸胃負擔，可先享「三白」，接著飲「驪塘羹」，至清至鮮，無與倫比。

此外，一代生活大師李漁亦愛食蘿蔔，曾說：「生蘿蔔切絲作小菜，拌以醋及他物，用之下粥最宜。」看來蘿蔔變化甚多，而且皆可臻於極致。

五穀亦素食為天——米飯、麵食

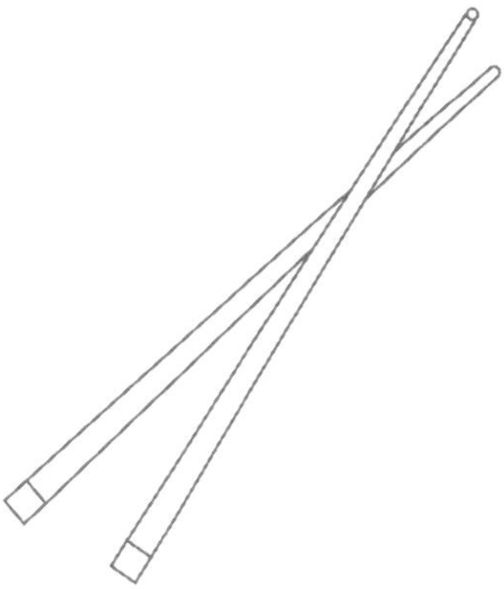

佛寶節品阿彌飯

阿彌是「阿彌陀佛」的簡稱，此為佛家語，意譯為「無量壽佛」、「無量光佛」、「無量清淨佛」。而佛誕指的是農曆四月八日，現稱佛寶節。時至今日，江南及皖南的農村，會以應節食品供佛，稱之為「阿彌飯」。

此一食俗由來已久，清人顧祿的《清嘉錄》即云：「四月八日，市肆煮青精飯為糕式，居人買以供佛，名曰『阿彌飯』，亦名『烏米糕』。」

那麼青精飯又是何物？且在此述其始末。

有關它的記載，最早見於晉代，當時的藥學家、亦是道家巨擘的陶弘景，在《登真隱訣》中，記載「青精乾石䭀飯法」（故一名青䭀飯）。此飯的作法為：「以酒、蜜、藥草為溲（浸泡）而曝之，以白粳米一斛二斗，用南燭木葉五斤（乾者三斤），雜莖皮取汁浸米炊之。四至八月用新生葉，色皆深；九至三月陳葉色皆淺。可隨時加其斤兩。如四、五月間做飯，可用十餘斤葉熟香，以一斛二斗熱水浸之炊飯。」到了明代時，《本草綱目》已有改進和發展，即「只以水浸一、二宿（夜），不必用湯，將米漉（撈）起炊之。初時米作綠色，再蒸之，便如紺色。如色不好，可淘去，更以新汁浸之，使飯作青色乃止。然後高格曝乾，而再三蒸三曝，每一曝，皆以青汁混之」。其製作之繁複，確實大費周章。

其實，在南宋時，林洪的《山家清供》一書，所記載的青精飯，製作方式有二，其一用「南燭木，今名旱蓮草……採枝葉，搗汁，浸上好粳米，不拘多少，候一、二時，蒸飯。曝乾，堅而碧色，收貯」。其二另名「青精石飯」，又稱「石脂」。其法：「用青石脂（今不詳）、青粱米（一說即精米。穀穗有毛，粒青，米色微青而細，似青稞而略粗）一斗，水浸三日，搗為丸，如李大。」

兩種作法不同，服用方式亦異，前者「用滾水量以米數，煮一滾即成飯矣。用水不可多，亦不可少」，久服之後，能「延年益壽」，在山居供客時，宜用此青精飯。後者「用白湯送服一、二丸，可不饑」，如果想效法漢初的張良，在進行「辟穀」（道家修煉時，不近食物）之際，最好是用後法，才能相輔相成，進而相得益彰。

「詩聖」杜甫曾以詩贈「詩仙」李白，云：「豈無青精飯，令我顏色好。」可見具有療效，此觀唐人孫思邈所言，的確也是如此，孫指出：「用南燭葉煎（湯藥），益髭、髮及容顏，兼補暖，又治一切風疾，久服輕身明目，黑髮駐顏。」

所謂的南燭，一名南天燭，屬杜鵑花科，常綠灌木，多分枝，葉互生，秋季開花，漿果球形，成熟時色紫黑，味甜，可食。由於既像木，又類草，也叫南燭草木，最早著錄它的，乃《開寶本草》一書。

享用過青精飯的詩人不少，如北宋黃庭堅「饑蒙青餓飯，寒贈紫陀尼」；以及南宋陸游的「道士青精飯，先生烏角巾」。這款道家名食，隨著時間推移，製法不斷更易，甚至改變形式，呈現糕狀食品，再用之於佛寶節供佛，此一特別現象，值得研究探討。但可確定的是，久服此青精飯，於養生甚有益，應可發揚推廣。

桃花泛與一聲雷

用鍋巴來做菜，既能葷也能素，而且燒法雷同，大部用澆淋手法，將燒好的主、配料，直接澆淋其上，產生美妙效果，或見桃紅豔色，或聞滋滋作響，初見此情形者，常為之動容，並引發聯想，既命名「桃花泛」，亦有人誇張地稱其為「平地一聲雷」，不愧有「天下第一菜」之譽。

又稱飯焦或焦飯的鍋巴，為米飯燒至香焦的底層，一般是用糯米、粳米所製，以片薄，色澤淡黃，酥鬆香脆為佳。鍋巴歷史悠久，堪與米飯共存。現代食品工業，在製作鍋巴時，可採用將米飯置烘烤箱中塌烤，也能放鍋中炸透。如按米的品種，則有秈米鍋巴、糯米鍋巴、粳米鍋巴及小米鍋巴等。儘管風味不同，且不論直接送口，或者將之製饌，在手法上倒無太大分別。

鍋巴特別香，嗜之者頗眾。《南史・潘綜傳》載：「宋初，吳郡人陳遺，少為郡吏，母好食鍋底飯，遺在役，恆帶一囊，每煮食輒錄其焦以奉母。」以焦飯奉母，人稱為純孝。我亦愛食鍋巴，目前能吃到的，為機器大量生產，色澤雪白，炸得酥脆，當成零嘴，甚能解饞。

歷史上有兩款鍋巴，堪稱極品。其一為《隨園食單》中的「白雲片」。云：「白米鍋巴，薄如綿紙，以油炙之，微加白糖。上口極脆。金陵（今南京）人製之最精，號『白雲片』。」它用焦飯製作，取白色部分，用剪刀剪成如銅錢大的圓塊；其二源於民間寺廟。相傳成都昭覺寺僧眾，日食稻米千斤，香積廚造飯時，潛心加工鍋巴，漸成齋堂名菜；另，重慶的縉雲寺，於一九三二年創辦漢藏教理院時，廚僧創造出香脆油亮的「縉雲鹽茶鍋巴」，信眾香客超愛，成為天府小吃中的一絕。

以鍋巴入饌，素比葷清雅，用口蘑尤佳。此口蘑因產於張家口而得名，以前是野生的，現已人工培植。口蘑有大有小，愈小其味愈濃，其頂小的一種，號稱「口蘑丁」，大小略如鈕扣，細小而且齊整，上面帶層白霜，望之美觀極了。據散文大家梁實秋的回憶，「抗戰前夕，平綏路局長以專車邀我們幾個學界的朋友遊大同雲岡，歸途經張家口小停，我以三十餘元買了半斤上好的道地的口蘑丁，那時候三十餘元，就是小學教師一月的薪給。」他並謂：「蘑菇丁很容易發開，用以製口蘑鍋巴或打滷作湯麵，都是無上妙品。」

我有幸先後去了張口市（即張家口）及大同市，也到雲岡觀賞，吃了幾頓大餐，就是沒有那口蘑鍋巴湯，不免悵然若有所失。在《金陵美肴經》中，載有「本口蘑鍋巴」一味，據說早年是南京的筵席大菜，既可將炸好的鍋巴，倒入湯汁食用，也能用鍋巴蘸著湯來吃，我去南京數次，總算嘗過此味，但無滾燙湯汁澆淋鍋巴的嘩喇聲效，少點趣味，有些可惜。

近日友人寄來極品的羊肚菌，滋味不在口蘑之下。乃倩高手用牛番茄切塊打汁，加入發好的羊肚菌及玉蘭片，在燒沸後，直接澆鍋巴上，其色橘紅澄亮，聲響勁舒有致，鍋巴或脆或糯，湯汁濃醇香鮮，實為素菜雋品，食之餘味不盡。

周村燒餅稱一絕

山東是孔聖人的故鄉，我初來到此間，乃壬辰年夏天。當晚第一個驚喜，就是吃周村燒餅，此後連吃了八天，仍覺得意猶未盡，至今思之仍垂涎。它只是個小玩意兒，卻扣人心弦如此，想來真是個異數。

此一特殊的燒餅，產自山東淄博市的周村。形圓色黃，薄如紙片，正面布滿芝麻，背面充滿酥孔，因其特別酥脆，久藏質味不變，一稱大酥燒餅。

早在明代中葉，周村商賈雲集，市面尚稱繁華，擁入各種小食，加上傳入「胡爐餅」，當地的小吃業者，乃在製作「焦餅」的基礎上，採用烘烤爐餅之法，一再發展演進，雖以馬蹄燒餅聞名，但尚有成長空間，專待有心人發揚。

清光緒年間，周村當地的燒餅店，竟能推陳出新，從此譽滿華北。原來當時經營「聚合齋」燒餅店的郭雲龍，有次無意中發現，馬蹄燒餅上面鼓起的薄殼，口感酥脆，氣味濃香，食之不膩，於是試製這種大酥燒餅，博得眾人好評。也是因緣際會，在膠濟鐵路通車後，此餅以薄、香、酥、脆，既方便攜帶，也能充當零嘴，遂成了伴手禮，旅客爭相購買。周村人士見狀，於是生產大酥燒餅的店鋪，有如雨後春筍，一家家接連開，形成一大特色。而在眾多的餅鋪中，以「聚合齋」、「大順勇」、「東興和」這三家的規模較大，名號也最響。

這款大酥燒餅，分成鹹、甜兩味。形體非常薄，若誇張地說，其薄有如蟬翼，一旦失手落地，馬上摔成碎片。故有「周村燒餅落地——拾不起」的歇後語，以及「周村燒餅碗口大，一斤能秤六十個」的民諺。由上觀之，周村燒餅的薄、脆、酥的顯著特點，透過民間的諺語，已足以概括道盡。

我後來有幸嘗到河南西平的空心燒餅。此燒餅的特色為，在餅的中間有一個凹進去的洞，形成空心而得名。其製作要領：先採用發酵麵配以油、鹽、五香粉製胚，接著上鏊烤製。成品色黃酥脆，鹹香可口，可夾食醬牛肉或滷豆乾等，食來別有風味。

至於周村酥燒餅，其製作方法則異於前，是用麵粉、精鹽及水，在盆中和成軟麵團，再分成若干劑（小麵糰），先取一個麵劑蘸水，放在瓷墩上壓扁，再用手指向外延展，成為圓形極薄餅胚。另備洗淨並晾乾的芝麻，在大木盆中晃勻，將薄餅胚灑一層水，揭下之後，令有水的一面朝下，放於芝麻盆內，周遭粘滿芝麻，接著提起餅胚，放在工具上，將平面向上貼於掛爐上壁；下面以鋸木末或木炭火烘烤至熟，然後用長柄鐵鏟鏟下，同時以長柄勺接住燒餅，置盛器內放涼，再以十六個為一包，用紙包裝即成。

如把精鹽改成白糖，即是甜酥燒餅。不過，目前在製作上，已採用紅外線烘爐烤，將生餅貼在傳送帶上，送進爐道烘烤，烤後自動出爐，可以大量生產。

比較起來，我愛食大酥燒餅，更甚於空心燒餅。且這種傳統名點，宜茶宜酒宜咖啡，不拘早、中、晚餐，甚至是宵夜、點心，它都是絕佳選擇。我以前也愛吃西式的杏仁片脆餅，但有此新歡後，就割捨舊愛了。

素餡麵食源酸鎌

一種平凡食品，曾經風行首都，卻因特殊因素，本尊之名已不存，而所產生的分身，至今仍處處可見，堪稱是食林傳奇。其原名為「酸鎌」，衍生品則是「䭤鎌」。

「酸鎌」，一稱「酸餡」、「餕餡」，也叫做「餕鎌」、「沙鎌」。據《廣韻》記載「鎌，小食也。」此鎌字通餡。故《正字通》云：「餡，凡米、麵食物，嵌其中，實以雜味曰餡。」而「酸鎌」這一包餡麵食小吃，源於五代，盛行於宋。例如孟元老的《東京夢華錄》在中元節條下，即記有「又賣轉明菜花、油餅、䭤鎌、沙鎌之類」，可見甚為流行。但最早記載此一食品的，則為北宋大文豪歐陽修，他在《歸田錄》一書中，指出：「京師（指汴京，今開封市）食店賣酸鎌者，皆大出牌榜於通衢，而俚俗昧於字法，轉酸從食，餕從鎌。有滑稽子謂人曰：『彼家新賣餕餡，不知為何物也？』飲食四方異宜，而名號亦隨時俗言語不同，至或傳者轉失其本。」

從此之後，「酸鎌」的別名就叫「酸餡」了。唯這種訛寫或簡寫的情形，每見於後世餐館的菜名中，不勝枚舉。

此外，「酸鎌」的具體形狀為何？在《齊東野語》有一則故事，倒是可幫助人們了解。原來宋徽宗初年時，丞相章惇招待高僧淨端。結果執事者粗心，居然把「酸鎌」端給丞相，而把饅頭送到淨端面前。章丞相吃了一口，發覺不對，令人趕快對調，化解尷尬場面。之所以會如此，就在形狀太像。饅頭必用葷餡，「酸鎌」則用素餡，將葷餡饅頭獻給高僧享用，鐵定引發不小的誤會。

又，佛門中也常用「酸鎌」。例如鄭望《膳夫錄・汴中節食》記載：「四月八日（即佛誕日）：指天賺餡。」郭彖《睽車志》卷四曰：「素令日以僧食啖之，酸賺至，頓食五十枚（粒）。」《古尊宿語錄・雲門匡真禪師廣錄下》則記有：「師因齋次，拈酸鎌謂僧云：『擬分一半與爾。』」由以上的說明，「酸鎌」乃僧家素食，也是當時以蔬菜和豆餡製成的素餡食品，市面有售。

到了元代時，「酸鎌」仍流行。十四世紀中葉出版的《朴通事》卷下記載的飲食類，就有「素酸餡稍麥（即燒賣）」。另，元劇《藍采和》第二折中，有：「可知俺吃的是大饅頭闊片粉，你吃的是素賺餡淡齏羹。」之句；至於它的具體製法，記載於《居家必用事類全集》，指出：「饅頭皮同，褶兒較粗，餡子任意。豆餡或脫或光者。」此所謂的「或脫或光」，依現在的用語，即為帶皮或不帶皮，而不帶皮者，今則謂之為「豆沙」、「豆瓣」或

「豆仁」。

明代之後，「酸餻」的各種名稱失傳，但就其形製而言，這種以圓形麵皮包餡的食品，實為當下的素餡包子，當然包括豆沙包了。不過，我們常食的包子，褶子打得精細，鯽魚嘴很明顯，有時為了區分，上面加個紅點子，如此才不會拿錯，鬧出另一段公案（指章丞相的故事）來。

我曾在北方的寺廟中，品嘗了「酸餻」，當時只覺製作較粗，望之甚為豪放，殊不知這乃原貌，此古風迄今猶存。

素麵售品尼姑麵

為《隨園食單》作補證的夏曾傳先生，出身錢塘（今杭州）世家，書香門第，其父夏鳳翔雖未做高官，但為清代名流。夏氏自幼家計豐厚，於飲食十分講究，家廚必請烹調高手。他本人非常留心各式飲食的特色及手藝，凡與朋友宴飲，有風味獨特精美之餚饌，必派人前往學習，故頗曉飲食之精微。當他為袁枚的「素麵」作補證時，有感而發，寫了一段精闢的文字，內容甚有借鑑價值，且在此抄錄如下——

「外祖吳上書嘗語先大夫（指夏鳳翔）曰：『下麵何必定要雞、鴨、火腿，我常吃白菜下麵，亦頗有味。』比（等到）公南歸後，節省庖廚之費，當時庖人稍稍引去，而麵亦不堪下咽矣！觀此可知素麵之法不肯傳人，其情已可概見。因思吾鄉某公奉佛，惟謹長齋數十年，家故豐於財，其食品恆以六簋（音鬼，指圓的容器）為率，庖人開帳過於葷菜，而家人輩以菜為葷菜所不及，但不知其法肯傳人否？」

素菜居然比葷菜還要貴，其精潔味美，自不在話下。只要看看《隨園食單》記載的「素麵」，就可知道一碗好吃的素麵，真的還大費周章，山寨版所製作出來的，根本無法相提並論。

其文云：「先一日將蘑菇蓬（指菇傘，一稱菇頭）熬汁澄清，次日將筍熬汁，加麵滾上。此法揚州定慧庵僧人製之極精，不肯傳人，然其大概亦可仿求。其湯純黑色，或云暗用蝦汁。蘑菇原汁只宜澄去泥沙，不重換水，一換水，則原味薄矣。」

此作法純取其原汁下麵，和同時代的另一飲食鉅著《調鼎集》所載者不同，大概為把青菜並澆頭先行製好，同汁另貯一鍋，麵熟入碗，加上素汁。不過，此一種作法，倒是和目前通行之法相近，其中最著名的素麵，應是出自廣西的「尼姑麵」，通行嶺南地區，赫赫有名至今。

此一素麵約在百餘年前，位於廣西桂林月牙山隱真岩的尼姑庵首創。起先名叫素麵、齋麵，後改稱「尼姑麵」。

「尼姑麵」在製作時，分成擀麵和烹製二種。首先是擀麵。用上等精白麵粉，加適量清水和少許細鹽和勻，揉成麵糰，經多次反覆擀壓，接著切成麵條。其次是烹製。麵條放入沸水鍋中稍煮，撈出，用野香菇蒂、黃豆芽、草菇、冬筍、羅漢果等熬成的鮮湯中再煮，至麵條軟柔，盛入碗中，覆以事先製好的素火腿、花生米、麵筋和草菇即成。

此一素麵以筋力好、軟而柔綿及風味獨特著稱，我早年曾在香港的素菜館裡品嘗過，現擀現製，餘味不盡，比起那葷麵來，似更深得我心。

總而言之，戲法人人會變，巧妙各有不同。區區一款素麵，有用蘑菇傘及竹筍分別熬汁，純取其汁下麵；亦有用野生香菇蒂、黃豆芽、草菇、冬筍、羅漢果等料一起熬汁，並兩段式煮麵，然後覆上澆頭。兩者皆出自方外，僧家以簡馭繁，樸實無華，專注在湯與麵的合奏；尼庵五彩繽紛，融鑄成一，達成各料與麵的共鳴。嚴格來說，各取所需，不分高下，皆臻絕勝。

甜麵筋別出心裁

有些人一上年紀，就喜歡吃點甜的，似乎是返老還童，也有養生的作用。我的一些文友們，飯後若沒有甜點，必感覺若有所失。如果是神交古人，最最讓我心儀的，首推大文豪蘇軾，他始終嗜食蜂蜜，而且是無此不歡，堪稱為一大奇葩。

據宋人陸游《老學庵筆記》的記載：「仲殊長老豆腐、麵筋，皆漬蜜食之，人多不能下咽。東坡亦酷嗜蜜，能與之共飽。」而這兩位老兄，除愛吃蜂蜜外，也愛吃蜜漬品，豆腐也就罷了，麵筋不好消化，兩位長者對坐，一起咀嚼麵筋，這個場景很有趣，充滿著想像空間。

關於麵筋的起源，明代四明主人及黃正一這兩位，均在其著作《家常典記》與《事物紺珠》裡指出：麵筋為梁武帝所作，時當南北朝時期。宋人吳自牧《夢粱錄》中記載，在當時的市面上，麵筋的吃法很多，有「筭絲麩兒」、「麩筍絲假肉饅頭」、「乳水龍麩」、「五味熬麩」、「糟醬燒麩」、「麩筍素羹飯」等，燒法多元，五花八門，讓人目不暇給。

中國的素菜中，常用豆腐、麵筋、蘑菇、水笋，號稱「四大金剛」。而別名「麵根」、「素肉」的麵筋，在烹調運用時，既可作菜餚主料，又能充當配料，且可和眾多葷、素食材搭配，亦是有名百搭菜之一，適合多種烹調方法。另，它除了手撕外，也適合用各種刀工加工，切成塊、片、條、絲、丁、末等形狀，不僅可作冷菜、熱炒、湯羹、小吃，亦可當作餡料使用。

具體言之，水麵筋的結構，像極了肌纖維，經過適當處理，非但可製成素雞、素鵝、素鱉等以素仿葷菜式，同時紅燒或滷煮後的素腸，則酷似豬腸菜品。

有「最清純」美譽的麵筋，宋人王炎對它讚不絕口，曾撰〈山林清供雜詠〉一詩寫道：「色澤似乳酪，味勝雞豚佳，一經細品嚼，清芳甘齒頰。」只是用此燒菜，在南北的口味上，幾乎都是鹹酸，極少燒成甜的。即使偶爾製作，或用白糖水煮，或以糖、醬油煨之，只算是個家常菜，恐難登大雅之堂，更無法登席薦餐。

近百年光景，有「泉城」之稱的濟南，其西門外的江家池畔，有個老飯莊，坐落小巷中，生意興隆，叫做「匯泉樓」。在看家菜中，有道燒麵筋，以甘甜取勝，乃其所獨有，他家難仿做，致食客盈門。由於卓犖不群，曾收錄於《中國名菜譜》內。

這款「甜燒麵筋」，其製作要領為：將水麵筋撕成條狀，約一寸半長，加少許甜麵醬、濕澱粉，先抓勻上色。接著花生油燒至八成熱時下鍋，炸至棗紅色撈出。鍋裡則添清水，加白糖、桂花醬等，待其溶化，再把水發蓮子、水發白果、焯過後的荸薺片、玉蘭片和麵筋，一起倒入鍋內，並以文火收汁，一見已湯稠，另澆花椒油，盛盤內即成。

此菜色澤光潤，味美香甜，堪稱絕妙。我心儀甚久，路過濟南時，未得空一試，盼機緣成熟，得一膏饞吻，享無上口福。

麻醬麵食超美味

我們常吃的醬，號稱「食味之王」，更有「百味之將帥，領百味而行」之譽。而目前的素醬，專指以大豆、麥麵、米、蠶豆、芝麻、花生、辣椒等，經蒸、醃、發酵，加鹽、水等物，所製成的糊狀物而言，由於它風味不凡，且方便好用，遂逐漸傳往世界各地，影響其食風至深且鉅。

在所有素醬中，如果用來拌麵，我獨鍾芝麻醬，只要運用得法，滋味絕對一流，令人食罷難忘，而出自濟南及北京者，更是膾炙人口。

麻醬由胡麻（一名芝麻）中萃取出來。胡麻乃富含植物性脂肪油之緩和性滋補強壯品，能潤澤肌膚，滋補腦髓神經，通潤便祕之症。胡麻籽可以榨油，北方人叫香油，江蘇人稱麻油，以小磨麻油為佳。胡麻須先炒過，再磨成麻醬，吸引醬上浮油，即成了麻油。降及近世，改用蒸取者，出油多而渣少，氣質香醇，為菜餚香料，能開胃進食。而磨成的麻醬，尤為家常佐膳佳品。

此芝麻醬的作法，載之於高濂的《遵生八箋》，其方為：「熟芝麻一斗搗爛，用六月六日水煎滾，晾冷，用罈調勻，水淹一手指封口，曬五、七日後開罈，將黑皮去後，加好酒釀三碗，好醬油三碗，好酒二碗，紅麴末一升，炒綠豆一升，炒米一升，小茴香末一兩，和勻過二七日（即十四天）後用。」如果遵此製作，料實費時工繁。

到了清代，《隨息居飲食譜》所載的，便省事得多，且對身體有益，其製麻醬之法：先行炒過，「磨為稀糊，入鹽少許，以冷清茶攪之，則漸稠，名『對（兌）茶麻醬』，香能醒胃，潤可澤枯；羸老、孕婦、乳媼、嬰兒臟燥、瘡家及茹素者，藉以滋濡化毒，不僅為餚中美味也」。

濟南人在吃麻醬麵時，必先把芝麻醬用筷子挑出一坨，擱進碗裡，先少放一點水，以筷子順著同一方向攪動，再逐漸添水，須反覆幾次，直到麻醬澥開，要調得稠一點，此之謂「麻汁湯」。否則湯稀味寡，殊不可取；若放開水太多，一旦有「淹」情形，將成絮狀沉澱，不再與水融合，簡直一無是處。

而在菜碼方面，必不可少的「青頭」，有胡蘿蔔絲、鹹菜末、香椿芽末、黃瓜絲、汆過的綠豆芽、燙過的韭菜段（食全素者可免）、芹菜末、熟豆角丁等，調味料則用醋或加蒜泥。

白麵亦很考究，自擀自切方妙。在煮熟之後，置涼開水中放涼，再盛入碗內，淋上麻汁湯，再和菜碼、調料同拌，食之頗有風味。

至於北京人的吃法，先把麻醬調薄，接著將三伏好醬油少許，燒熱，冷卻，起油鍋煎一些花椒油，趁熱倒入醬油中，再倒點小磨麻油，此謂之三合油。同時預備好各種時蔬菜碼，如翠生生的嫩黃瓜絲，水冷冷的嬌紅小水蘿蔔絲，雪白的水焯掐菜（即掐去頭、尾的綠豆芽），剝好的蒜瓣（食全素者不用加），這些都置於小碟中。煮白麵端上來，先酌加芝麻醬，再撩點三合油，放進各種菜碼，在大碗中一拌，其鮮其香其味，筆墨難以形容。

台灣的麻醬麵，菜碼甚少而味不全，少了尋「寶」之趣。

蒸拌冷麵四時宜

三十年前某元旦，我在新店區中正路上的路邊攤，品嘗老孫的涼麵，正值寒流到來，氣溫不到十度，但他的生意仍然頂好，食客如織。老孫顧盼自雄地說：「這種天氣敢賣涼麵的，只有我老孫一人。」言下不無托大之意，所言倒是不爭的事實。這個體驗難得，是以至今未忘。

夏天吃涼麵，確實能去暑；當秋老虎發威時，它也能吃得舒服。現在時空已轉變，不講究「不時不食」。於是寒冬吃涼麵，只要多澆點紅油，或者多添辣椒醬，照樣能猛冒汗，辣得不亦樂乎！只是老孫所售者，並非純以辣取勝，而是用獨調醬汁，搭配著熱味噌湯，即使氣溫驟降，依然吸引人潮。

目前台灣的涼麵，通常是用油麵條，在蒸過或煮過後，其色澤黃明透亮，把它們放涼後，置於大盆之內，顧客在享用時，先行挑入盤中，加各式調味料，而佐食的菜蔬，主要為小黃瓜絲，或者是綠豆芽。亦有直接置容器內，裡面除涼麵、小黃瓜絲外，尚有調味包，可隨身攜帶。在臨吃之際，全攪和一起，咻咻送嘴中，頗有番情趣。

唯此種涼麵，發源於上海，經不斷改道，化為眾分身，已相沿成習，現四季得食。但昔日的上海，將這種食品，或當作正餐，也當作小吃，一向是夏季旺銷之食。而它的出現時間，約在一九三七年前後，當時卡德路（石門二路）一五三弄口，有一個冷麵攤，日銷冷麵驚人，高達五包麵粉（每包一千二百五十克），食客稱之為「冷麵大王」。其主要作法為：先把麵條煮熟，再用冷水沖涼，堪稱簡單方便。

到了一九四九年，衛生部門因冷麵用生冷水沖涼，不合衛生需求，下令全面禁售。戲法人人會變，只是手法不同。約過三年後，「四如春點心店」另出機杼，採用新法製作。即在製作之時，將麵條先蒸後煮，再用風扇吹涼。如此做成的冷麵，既符合衛生的需求，且使麵條硬韌滑爽，大受顧客歡迎。當下各式澆頭的蒸拌冷麵，上海街頭到處可見，成為夏令小吃，亦是特色景觀。

此蒸拌冷麵的製作工藝，大致可分成製麵條、製調料、製輔料及拌製四種，現逐一說明如下——

製麵條。將生麵條置籠屜內，以大火蒸個十分鐘，出籠先挑鬆，用電扇吹涼。把此麵入滾水鍋中，待它浮起後，再煮一分鐘，隨即撈出，置大盆內。趁熱加蔥油拌和，邊拌邊挑鬆，復用電扇吹涼，放於潔淨陰涼處。

製調料。芝麻醬加麻油（或涼開水）調成醬狀麻醬；醬油加些白糖及水煮沸，俟其冷卻。醋則加冷開水調和。另，可備些辣油，使增豔添香，令毛孔舒張。

製輔料。考究者，把綠豆芽掐去頭尾，以沸水略焯，用冷開水漂涼，取出瀝乾攤開。

拌製。碗內放麵條，加所製調料，再放上兩片嫩薑或煮熟片好的香菇，覆蓋著綠豆芽即成。此一「花色蒸拌麵」，口感更為豐富，非但麵條爽口，麻醬之味尤香。

我曾在上海兩嘗蒸拌涼麵，所搭配而食的湯，有葷有素。葷者始於為巷弄的「咖哩牛肉湯」；素的則是「素羅宋湯」。其內有番茄、洋蔥、馬鈴薯、胡蘿蔔等，濃醇而厚，馨香可人，顯然比起葷湯，更能引我入勝。

蕎麥冷麵有別趣

人生於天地間，口福相對難測，即使同處一地，在不同時空裡，也會經常變換。在有段歲月裡，我曾授業解惑，師生互動融洽。當中有些弟子，因為出身關係，專精韓、日料理。知道夫子愛吃，常覓巷弄小館，一起品享美味。是以在今日「哈日風」和「哈韓風」大興之前，便嘗了不少異國精緻的菜點。其中，夏日最常吃的，就是蕎麥冷麵。日、韓風味有別，而且差異極大，隨著心境不同，更能體會炎涼，感受彼此差異。

首先是韓國的蕎麥冷麵。將蕎麥麵煮熟後，先用冰塊鎮透，食法有葷有素。如果是吃素的，則將已過冷之麵條，加辣泡菜、海帶、黃豆芽、豆皮、玉米等，澆上蒜辣醬（用蒜泥、乾辣椒和水攪成糊狀的醬），再放水果片（主要為西瓜、梨和蘋果）、雞蛋絲，接著澆素高湯，撒上些熟芝麻，淋點麻油即成。食用之際，冰塊在涼湯中載浮載沉，既沁心脾，又發汗漿，邊擦邊吃，不亦快哉！

比起三伏天吃冷麵，竟然汗涔涔下，辣得十分過癮的韓式吃法，日本的蕎麥冷麵，就清涼含蓄多了。熟蕎麥麵先冰鎮，再置於竹簾上，碗筷皆用黑色，且在麵條之旁，置一小撮芥末，蘸特調醬汁而食，望之素雅，頗惹食興。佐食者多半是炸物，用地瓜、芋頭、茄子組成的素天婦羅，蘸著帶蘿蔔泥的醬汁，清清爽爽，振奮味蕾。

其實，蕎麥的原產地在中國，約公元一世紀左右，傳到歐洲各地。先秦時期的《神農書》及北魏時的《齊民要術》等，皆有記載其栽培及食用的歷史。用它製成的麵，古稱「河漏」、「促律忽塔」、「合餎」現則稱之為「餄餎」。關於它的吃法，首見元人王楨的《農書》，書內的「蕎麥」條下寫著：「北方山後諸郡多種，治去皮殼，磨而為麵，攤作煎餅，配蒜而食。或做湯餅，謂之『河漏』。滑如細粉，亞於麥麵，風俗所尚，供為常食。」顯然它的評價，不如小麥所製，但因大家愛吃，因而成為帝饌。

到了清朝，「河漏」的記載仍多，如西清在《黑龍江外記》謂：「蕎麥……麵宜煎餅，宜『河漏』，甘滑潔白，他處所無，『河漏』掛麵〈即細麵條〉類，俗稱『合餎』。」而當時的佳品，首推西安教場門孟兆武所製者，條細筋韌，挑不斷條，吃不掉渣，因而贏得「教門場餄餎」的封號。又，餄餎麵條柔軟綿長，象徵長命百歲，因而老人家生日，或小孩子滿月時，都少不得食此。另，新婚的前一日和每年的除夕，在中國華北或東北地區，新人或全家必食蕎麥麵，前者講究「安朋餄餎」，喻夫妻白頭偕老；後者因與「和樂」諧音，過年而食此物，其口彩之佳，真是太棒了。

清人蒲松齡曾謂：「餄餎壓如麻線細。」高潤生在《爾雅穀名考》亦稱：「蕎麥……作細條落至釜中，煮熟食之，甚滑美也。」只是其麵製品的形式，不僅細長而已，尚有粗、圓、扁、稜等花樣，然而，當下在台灣所習見者，幾乎都是細的成品。

我現在所吃的蕎麥冷麵，或用芝麻醬、小黃瓜絲、綠豆芽及素醬油淋拌，食味清爽適口。有時換個花樣，將麵過冷後，直接以番茄炒蛋當作澆頭，吃來甚有意思。

鍋盔耐嚼滋味長

在民國書壇中，于右任以樸拙靈動的楷書，並用北魏碑志寫行草，一掃撫媚秀麗之風，代以雄強磅礴氣勢，造就「于派」之名，尊為「近代書聖」，確為非凡人物。

于是陝西三原人，他喜歡講個故事，以家鄉麵餅比喻人生。他說：「年輕之時，總想痛快地吃回鍋魁，可是口袋裡老是沒錢；等到後來有錢了，但老得牙齒都掉了，又怎麼啃得動硬梆梆的鍋魁呢？」

細究他的原義，包含著少壯不努力，老大徒悲傷的意涵，與那「花開堪折直須折，莫待無花空折枝」的詩句，有異曲同工之妙。

鍋魁即鍋盔，以陝西乾縣所製作的最棒。當地有句民諺：「乾縣鍋盔，岐山麵，秦鎮的皮子繞長安。」即知盛名不虛。于右任偏嗜麵食，顯然有戀鄉情結。

關於此餅起源，據傳始於唐代。原來唐高宗李治在修建陵墓時，用八卦圖測定方位，選墓址於梁山之上，此方位正是乾卦，遂定名為乾陵。由於工程浩大，工匠軍卒眾多，飯食接濟不上。為了解決問題，民工自己設灶，沒有鍋子的人，就用頭盔替代。將麵糰置其中，放在火上燒烤。軍士食而甘之，而且經久不壞，遂受軍民歡迎，從此流傳下來。又因此餅形狀，好似頭盔一般，故稱之為「鍋盔」。

經過後人不斷改進，「乾州鍋盔」質量提升，其形有如滿月，邊薄中厚，表面鼓起，饃瓢乾酥，望之像煞菊花，看起來美觀，吃起來酥脆，入口脆而綿，且愈嚼愈香，因而播譽遠近，成為當地人們致贈親朋好友的手信。例如清末京官宋伯魯，他每次返鄉時，除自己飽食外，還要置備木箱，大量採買鍋盔，裝箱運抵京城，饋贈僚友即是。

頂好鍋盔難製，根據傳統作法，要用松木或柏木槓子，擠壓硬麵糰數百回。運用松或柏，其原因無他，取香氣而已。而反覆擠壓的道理，在於「麵不壓不筋，鐵不錘不鋼」，直至麵光色潤，才算初步完成。接著將麵餅放入鏊內烘烤。這時候的功夫，則在勤看、勤翻、勤轉的「三翻六轉」上，也唯有如此，才能製出火色均勻、饃黃如杏，無半點兒烙痕的上好鍋盔。

台北亦有賣近似鍋盔者，在金山南路上。其名為「槓子頭」，個頭比鍋盔小，價格經濟實惠。我吃了四十年，總數卻不太多。炎炎夏日午後，除空口吃之外，配個綠豆稀飯，吃得有滋有味。如果是大冷天，喜歡搭配普洱，或是濃郁咖啡，或者是配製酒，如竹葉青、蓮花白之類，細嚼慢嚥，餘香滿口，既可心曠神怡，且得味外之味。

總之，鍋盔最誘人之處，在於麵硬、酥脆、勻黃、香口和耐嚼，一旦沉浸其中，恐怕難以自拔。

麵筋還是素燒好

麵筋號稱「箸下宜素又宜葷」，味甘性涼，有和中、解熱、益氣、養血、止煩渴的功效。適合勞熱之人，煮而食之甚佳。只是它難消化，需要一再咀嚼。

在各種麵筋中，我最愛吃烤麩，心中最嚮往的，則是爐貼麵筋。前者常見於小菜中，後者至今無緣一嘗。

所謂烤麩，由生麵筋經保溫後發酵製成。顏色澄亮帶黃，鬆軟且富彈性，出現很多氣孔，其狀有如海綿。另，生麵筋經加熱乾燥後，可製成活性麵筋粉。當它在使用時，取攝氏四十度之溫水調製，先揉捏成糰，經水煮之後，即成水麵筋。取此再蒸過，亦可成烤麩。

永和的名館「三分俗氣」，其純素的小菜中，有「紅燜苦瓜」、「油燜筍」及「素烤麩」三種，這三樣我都愛，均置白瓷碟內，形式美觀大方。其烤麩是和毛豆、黑木耳、筍片、豆乾丁同燒，爽脆細滑俱全，會一口接一口，須臾即一掃空。

至於爐貼麵筋，是把生麵筋先水煮至半熟，再貼入特製的爐內，以文火烘烤而成。具獨特風味，且耐儲存。據說產自江蘇省江寧縣土橋鎮者，掛於陰涼通風處，可保存兩到三年。另有一種甚奇，出自南京牌樓麵筋作坊，一次烘二排六只，以蘆竹串製，每串有十排，共七十二只。皮薄酥脆，呈淺黃色，內心的網絡，似絲瓜之筋。用冷水泡後，可炒，可燒，也可作湯，據前江蘇省特一級廚師薛文龍的講法，「其味鮮嫩，細膩綿軟，並無油膩之感」。我慕其名甚久，上回去南京時，走訪數家餐館，皆說今已失傳，令我悵然而返。

清人薛寶辰在《素食說略》一書，載食麵筋四法，清爽而有真味。其文云：「一、麵筋用水瀹（即洗）過，再以白糖水煮之，則軟美。二、五味麵筋：麵筋切塊，以釅茶浸過，再以糖、醋、醬油煨之，略加薑屑，味頗爽口。三、糖醬麵筋：煮熟麵筋，以糖及醬油煨透，多加熬熟香油起鍋，可以久食。四、羅漢麵筋：生麵筋擘塊，入油鍋發開，再以高湯煨之，需微搭芡，京師素飯館『大味齋』作法甚佳。」看來前三者的製作，都離不開糖，凡體內血糖偏高之人，宜減少糖的用量。

《食在宮廷》一書內，其中的〈齋菜〉一章，收有「糖醋麵筋」和「紅燒麵筋」這兩道菜。強調它們都是寺院菜，後來傳入宮中，前者為皇太后、皇后在「齋戒時，多吃此菜」，適合熱食；後者在宮廷裡，多於正月時食用。即使在滿族家庭，「春節時必作此菜」，而且「冷熱食均宜」。

細觀「糖醋麵筋」的燒法，類似「羅漢麵筋」，只是麵筋切滾刀塊，另加筍片、薑末等配料，一樣勾少許芡。而其製作的要領，首在把麵筋炸透，才會具獨特風味。

此外，「紅燒麵筋」一味，則與「糖醬麵筋」相近。在宮廷中，會添加筍片及薑末，同時炒過的麵筋、筍片，須改用小火煨，待調汁已入味，即可出鍋供膳。

總之，宋人陳達叟在《本心齋蔬食譜》中，認為「入素饌最佳」的麵筋，燒法多變，味美則一，值得仔細玩味。

園中百蔬逾珍饈——田園蔬菜

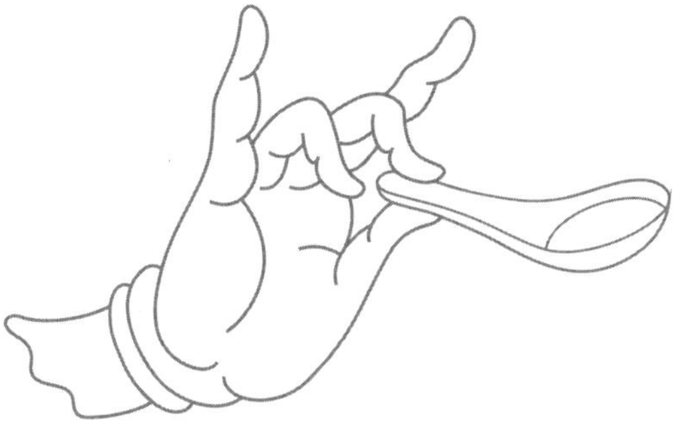

茭白別稱美人腿

茭草在《本草綱目》名菰，菰字與菌字相通，蓋茭草之莖部長成後，易受寄生菌感染，中心有黑沙點，故曰菰。所謂茭筍、菰筍，指茭草於春末初生之嫩芽，一如蘆筍、蒲筍之嫩芽；至稱茭白，指其莖部，可供蔬食。

茭筍古人亦食，與蒲筍、蘆筍同為水菜之一種，是寒涼性清，能疏肝、膽之食物，今人不食久矣，市中罕有出售。唯吳中仍食此，據陳藏器的《本草記》云：「能去煩熱，止渴，除目黃、利大小便，止熱痢，雜鯽魚為羹食，開胃口，解酒毒……」，顯然頗具療效。

茭白以色白鮮嫩為上品，如其中心有黑沙點者，名灰茭白，為次貨，為老茭白，食味差矣！

南京玄武湖內盛產茭白，據當地的傳說，由於明代開國元勳劉基，嗜食茭白而種之。不過，南京沙洲圩所產者，夙享盛名，其特點為嬌嫩、香糯、脆鮮爽口。

茭白又稱茭瓜、茭白筍、菰瓜菜及菰首、菰手等，以往紹興農家吃此物，其製法甚簡單，將現摘者去殼，置放於飯鑊（即大鐵鍋）內，燒木柴或秸結，待聞飯香時，茭白亦熟矣，稱「飯焐茭白」，用醬油蘸食，最爽脆甘鮮。現用電鍋製作，更方便容易了。

具淡淡清香，質感脆嫩，滋味甘鮮的茭白，施之於烹飪，其佳肴甚多，如製成羹湯，昔人愛之深，有「菰首芼羹甘如飴」、「芼羹菰菜珍無價」等佳句，如只製涼拌菜，清人童岳薦的《調鼎集》，便多所著墨，其「拌茭白」指出：「焯過切薄片，加醬油、醋、芥末或椒末拌。又，生茭白切小薄片略醃，灑椒末。又，切絲略醃，拌芥末、醋。又，拌甜醬……又，切塊拌醬油、麻油。」另，有「醬油浸茭白」，云：「切骨牌薄片，浸醬油，半日可用，充小菜。」吃法多元，各具滋味。

該書尚有「炒茭白」，共有二法，其一為：「切小片配茶乾（豆腐乾）片炒。」其二為：「切塊加麻油、醬油、酒炒。」袁枚在《隨園食單》中，則認為將茭白「切整段，醬、醋炙之」，其味尤佳。

家母燒製的「素燜茭白」，滋味絕佳，眾口交讚。其法：將茭白切滾刀塊，僅用素油加醬油、糖，文火燴燜即可。也用茭白與豆腐乾均切絲，同雪裡蕻一起炒，別有滋味。此外，亦將切丁的茭白和蠶豆同燒，其色一青一白，美感滋味兩勝。

每年中秋佳節烤肉時，正值茭白當令，人們常備此物，它在烤熟之後，掀殼而見其身，又直又白又挺，遂稱為「美人腿」。另一說則是：南投埔里盛產茭白，為了觀光及推廣，故博得此一令名，引人遐思並發噱。

大抵而言，市場所售茭白，因表皮的顏色，分成青殼、白殼、花殼這三種。白殼品質最優，價錢亦昂；花殼比較肥大，但缺細膩口感，易有空心現象。而在選購時，則以筍支豐滿，皮相鮮麗，無老化、灰白、皺縮者為佳。我曾吃過「茭白脯」，用「茭白入醬，取起風乾，切片成脯」，和蘿蔔乾、筍乾製法雷同，風味則自成一格，算是味有別裁吧！

西洋菜身世之謎

望文生義，廣東人嗜食的西洋菜，絕非出自中土，而是來自域外。追溯它來華的歷史，還不到三百年，卻有不少說法，且都指證歷歷，為還原其身世，乃爬梳諸典籍，盼能解開其謎，且在享用之際，可供談助之用。

西洋菜的洋名為water cress，其味清香似芥，故漢譯為「水田芥」；又因葉子狀如掰開的豆瓣，遂有「豆瓣菜」之稱。據《簡明不列顛百科全書》的記載：「水田芥乃十字花科多年生植物，已在北美洲馴化。生長於涼爽的溪流中，沉水，浮在水上或平鋪在泥地表面。常用大桶栽培，採其嫩葉作沙拉。葉纖細，淡綠色，有胡椒味，富含維生素C。花白色。角果小，豆莢狀。種子成兩行，扦插易生根。」對其成長、屬性、狀貌、種植及吃法等，詳加介紹，鉅細靡遺。

至於其轉入中土途徑，蕭步丹在《嶺南采藥錄》中，提到：「西洋菜原是百年前，由歐西輸入日本的菜蔬。」那麼它又如何傳到香港呢？根據故老說法，約十九世紀末，有位葡萄牙籍的船員，由於患了肺病，被船主遺棄在香港、澳門間的小島上，該島絕無人跡，卻有豐富水草，此人肚餓之時，即以水草充饑，結果得以不死。有人乃發奇想，就把這種水草，移植到了澳門。正因在澳門的葡萄牙人，一向被稱為西洋人，此菜遂被稱為西洋菜，一直流傳至今。

真相究竟如何，本就需要推敲。在清道光十五年（公元一八三五年）時，美國人到中國傳教，來到廣州市區，設立博濟醫堂。醫堂有一洋人，名字叫做哈博。從家鄉帶來一種菜蔬，放養在活水瓦缸裡，碧綠青幽，煞是好看。

當時西關泮塘，有位私塾先生，基於教學需要，學習西洋文字。有次感染時疫，跑去博濟看診，於是認識哈博，而且成了教友，持續交往數年。

某年颱風來襲，泮塘受創嚴重，所種茭筍、茨菇、蓮藕失收，農家陷入困境，私塾先生向哈博聊起此事。哈博指著瓦缸，表示此菜甚宜泮塘鄉的田塘栽種。私塾先生便帶了幾把回去，告訴鄉人們，只要插入水中，即能存活收成。

經過兩個月後，此菜大量繁殖，青蔥翠綠一片。鄉人摘下煲湯，味道鮮香可口，度過歉收歲月。居民誌此奇緣，也表示不忘本，管它叫「西洋菜」，現則大受歡迎。

究其實，水田芥原產地中海，遍及英、法、美洲、日本、中國嶺南和台灣等地。香港目前的大帽山山腰（即荃灣川龍村）一帶，亦有種植。沿山路而行，雲霧繚繞中，適宜其生長。

西洋菜可素可葷，既能煲湯，也能快炒。如當成火鍋料，或者是襯墊主料（如香菇等），均可發揮馨香怡人，消暑清肺的效果。假使生飲其汁，能抑制胃出血；煲陳皮湯熱飲，對肺癆有助益，以上只是偏方，或可救急一時。

形似寶塔甘露子

「奇庖」張北和君，善以珍異入其饌，尤其是冬蟲夏草，一經他妝點後，變得昂揚有神。早在二十年前，我與他甚相得，一再品嘗其佳餚，前後達十年以上。約莫十餘年時，有次端出一盤，居然是活生生地，望之如蠶蛹，也形似寶塔，模樣挺可愛，不知是何物？他笑著對我說：「這是活的冬蟲夏草，長在石頭縫裡，又叫做石蟲草，是可以生食的。」我依言而試，爽口又甘脆，明知他誑我，且不說破他。後來我在傳統市場見了幾次，也查了些書籍，終明白其身世。

原來它叫甘露子，為唇形科植物草石蠶的地下塊莖。北京人稱之為滴露、甘露，以形狀似蠶蛹，故有「地蠶」之稱，亦因形狀特殊，也稱為「寶塔菜」、「地鈕」、「蝸兒菜」、「土蟲草」，全是以形命名，實在很有意思。

甘露子顏色潔白，質地極為脆嫩，號稱具有香、脆、甜、嫩四大特點，既能煮食、做菜、當水果吃，且適合糖漬、醬漬。關於這些特質，「醫聖」李時珍在《本草綱目》中，道之甚詳：「五月掘根蒸煮食之，味如百合。或以蘿蔔滷及鹽菹水收之，則不黑。也可醬漬、蜜藏。既可為蔬，又可充果。」顯然也是全方位的好食材。

用甘露子製作醬菜，可繁可簡，味美則一。一般而言，居家自行製作，簡單易行。先將甘露子洗淨，瀝乾水分，用鹽醃上半日，接著擠去鹽水，置之於小罈中，入醬油漬，約三、四天，即可食用。

老北京的醬菜園，大致有三種類型，按其生產方式之不同，大致可分為老醬園、京醬園、南醬園等。

老醬園：多為陝西人開設，源於保定的醬菜製法，用黃醬為主要醬料，口味偏重，醬香濃郁。以「六必居」為代表，另有「中鼎和」、「長順公」等著名醬園。

京醬園：幾乎用北京當地技師，以甜麵醬為主要醬料。名店有「天義順」前身的「天義成」醬園、「天源醬園」等。前者為著名的清真醬園，創建於清咸豐年間，嚴格選材，操作精細、種類繁多，物美價廉，滋味偏甜，很有特色，因而馳譽京城。後者開業於清同治八年，口味清淡，甜鹹適度，味道鮮美，甚受南方人喜愛，遂有「南菜」之稱。

南醬園：近於蘇、浙風味，口味更甜。清末南北暢通無阻，往來相對便利。揚州的好醬菜，便宜銷到北京。原有的醬園無法競爭，導致愈來愈少，終被「六必居」及「天源」所取代。

此外，泰半由山東人所開的醬園，也叫「山東屋子」，以「桂馨齋」居首，亦難以支撐，漸趨於沒落。

基本上，清新脫俗、麗質天生的甘露子，最適合搭配甜麵醬。「天源醬園」以嚴選食材，注重規模及質量標準聞名，其「甜醬甘露」，一再享譽大江南北；而「六必居」本擅長黃醬，後來所製作的甜麵醬，品質超邁凡常，能與「天源」抗衡，其所用的甘露子，必購自「白紙坊菜園」，乃「甜醬甘露」的後起之秀，我幸而品嘗過，至今難忘其美。

另，揚州著名的醃螺絲菜，取甘露子為主料，形如螺絲，又像寶塔，脆而清，細且嫩，堪稱是醬菜中不可多得的逸品。

炎夏良蔬有豇豆

豇豆一名飯豆，台灣另稱菜豆，暮春三月種植，夏季成為佳蔬。它原產於非洲，野生種廣泛分布於吉力馬札羅山地區，後經海路傳往印度，再由當地進行人工栽培。是以長久以來，一直認為印度乃豇豆的發源地。不過，古代的非洲人，把它當成糧用，不知可口豆莢，是種鮮美蔬菜，即便到了今天，西非廣大地域，依然充作糧食。

我愛吃的豇豆，豆莢扁長而細，質地柔軟，有白、青、紫（紅）三種，長度約六寸至二尺。每一個豆莢內，有十六顆到二十六顆不等的豆粒，豆為腰圓形。由於特別長，所以中國的江南一帶，又稱它為「長豇豆」。此外，其豆肉能煲飯、煮粥，故有飯豆之名。然而，飯豆只是統稱，因為眉（白）豆作用相同，也有飯豆之名。另，台灣所稱的菜豆，亦有混淆現象，畢竟四季豆的別名和豇豆一樣，同樣是叫菜豆。

中國栽種豇豆已久，本草書的記載頗多。《群芳譜》謂：「豇豆味甘，鹹、平，無毒，主理中益氣，補腎健脾，止消渴瀉痢。」《本草綱目》指出：「此豆紅色居多，莢必雙生，每年三四月種之。」《救荒本草》則說：「豇豆今處處有之，人家田園多種之，就地拖秧而生，亦延籬落。」由此觀之，豇豆種植容易，而且蔓延甚廣，產量豐富，作用極大，故李時珍將它列入豆類中的上品。

在家常菜中，常把豇豆當成蔬菜，連莢一起食用。一旦豆莢老時，就要剝去其莢，光吃豆粒。豆粒亦可製成糕點，名為「豇豆糕」，其色略黃，極為可口。曾主編三百餘萬字《中國醫學大辭典》的陳存仁，乃著名美食家。他有次去南京旅行，到夫子廟前白鷺洲。表示：「其地環境清幽，風景宜人，有茶居數間。每逢假期，遊人如織，薈集茶居，或弈棋或清談，儼然成為南京一名勝。」而茶居中販售的豇豆糕，「製法精美，味極可口，雖時隔十餘年，猶使人懷念不置」。其所記當為一世紀前之事，佳點與名勝輝映，最能勾思古幽情。

營養學家認為，豇豆營養成分超優，既含豐富的蛋白質，又有可觀的維生素，堪稱豆類中一級的營養品，可與黃豆爭輝。衛生學家也說，豇豆如連莢嚼食，可吸收粗纖維質，能促進胃腸蠕動，同時可幫助消化，進而有通便功效。

在享用豇豆前，需去豆莢老筋。如切成寸許長，用素油炒來吃，味道香脆可口，乃菜蔬之雋品。想要換點花樣，加冬菇或蘑菇，滋味更有層次，令人百吃不厭。

此外，豇豆亦可漬製，當成泡菜食用，以此佐飯送粥，爽口腴美之外，精神為之一振。將它曬成豆乾，即使煮成清湯，裡頭加點調料，也能大開食欲。

《本草綱目》上說：「每日空心（吃）煮豇豆，入少許鹽，可補腎氣。」當下暑熱難熬，經常熬夜之人，每易心火太旺，導致腎水不足，造成「心腎不交」，假使比照辦理，或許稍有助益，長保身體安康。

豆腐乳炒空心菜

走紅全球的央視紀錄片《舌尖上的中國》，一共拍了兩季，其總導演陳曉卿在接受採訪時，透露他們「全家都是空心菜控」。並表示在拍攝《祕境廣西》時，在廣西的博白，吃過最好的空心菜。它「半人高，那叫嫩！一根菜，抓中間，輕輕一顫，兩端齊手而斷！用桂林的花橋腐乳烹炒，人間絕品」。

看了這個誇張又傳神的報導後，不禁讓我想起國學大師章太炎，原來他老人家對這道好菜，可是貢獻良多哩！

章太炎滿腹經綸，曾有人問他，先生的學問是經學第一，還是史學第一？他朗笑三聲道：「實不相瞞，我是醫學第一。」藝高人膽大，口氣也不小，曾轟動一時。

章太炎與上海名醫惲鐵樵友善。曾共組「中醫通函教授學社」，學員遍及大陸和東南亞，還有許多遙從者。章親自編寫的《雜病新論》、《霍亂論》、《傷寒論要義選刊》，皆是授課教材，被業醫者奉為寶典。

章氏晚年定居蘇州，受聘為蘇州國醫學校名譽校長。當時游其門下者，多為醫林俊彥；而和他通郵札者，則為當代名醫，聲勢之盛，罕出其右。

每人好惡不同，章對飲食一道，並非特別講究，其每天的小菜，都是些豆腐乳、臭花生、臭鹹蛋、臭冬瓜、臭莧菜梗、臭豆腐之類。也許人皆掩鼻，他卻特別愛好，認為其鮮無比，堪稱「逐臭之夫」。他自奉極省儉，家裡沒有僕婢，菜餚全由其夫人湯國黎就近購買，對蘇州邵萬生的玫瑰腐乳和紫陽觀的醬菜，尤其欣賞，須臾不離。

此外，章太炎最愛吃的青菜，非空心菜莫屬，幾乎餐餐必備。由於他文名滿天下，求序及求字者，為了達到目的，經常備辦臭物，像擅寫佛像出名的錢化鐘，便常用臭鹹蛋、臭花生、臭冬瓜之類贈章，請他寫字留念，經常一揮而就。有一次錢挖空心思，送來一罈極臭的莧菜梗，章更樂不可支，竟對錢化鐘說：「你備有不少紙，只管拿來我寫。」

送臭物者不少，但講到空心菜，因節令及產地之故，想要讓他老人家滿意，確非易事。是以名醫陳存仁在編畢《中國醫學大辭典》後，往請大師作序。知他偏嗜此菜，特購上海西郊的名品，攜至蘇州章氏寓邸。太炎見之大悅，並說：「蘇州空心菜太細小，不耐咀嚼，不如上海的肥腴脆爽，吃時耐嚼。」一在一時高興下，一篇序文援筆立就，一時傳為食林美談。

或許章太炎每餐必有豆腐乳及空心菜，哪天因緣際會，將二者一起炒，應在情理之中。加上名滿中華，因而傳遍神州，成為當下名食，恐即淵源於此。

其實，宜蘭礁溪的「溫泉空心菜」，莖幹長粗而細嫩，葉長頂端且色淺，嚼之喳喳聲響，取此與中和「坤昌行」細膩柔滑的豆腐乳一塊兒炒，滋味無窮無盡。其下飯及開胃，較諸廣西博白空心菜及桂林花橋腐乳的組合，除各有千秋外，或許平分秋色。

金絲攪動素魚翅

陝西地處邊陲，其三原市風光明媚，號稱「陝西的蘇州」，早在百年前，即飯館林立，各有其絕活。其中的「明德樓」，掌櫃名喚張榮，手藝學自寧夏，後來因緣際會，成為當地天字號第一名廚。他有一道佳餚，乃于右任親授，俗名「攪瓜魚翅」。這道菜很特別，先把攪瓜擦成透明的細絲，名字雖叫魚翅，實際是攪瓜絲，素菜燒成之後，加素上湯勾芡，讓人食罷，有如魚翅，「誰也不敢說不是魚翅」，此一奪真功力，有人歎為觀止。

所謂攪瓜，其別名甚多，又叫金絲瓜、白玉瓜、白南瓜、金瓜、筍瓜、北瓜。瓜形扁圓或橢圓，瓜皮呈乳白色，成熟轉金黃色。形狀美麗，生長期短，甚少蟲害。除供食用外，亦可當成觀賞植物。

金絲瓜為葫蘆科一年生植物。其最早的發源地，推測可能是墨西哥市以南的高寒地帶。應於十六世紀傳入英國，再自歐洲傳入亞洲，落腳在印度半島。中國最早的種植地，為長江口的崇明島，有超過三百年的光景。另，據日東北大學農學院星川清親副教授的考證，日本目前的金絲瓜，乃在中日甲午戰爭後，由江蘇傳入的。

過去，由於栽培面積小，又受限運輸條件，北方人少見此瓜，現則大江南北廣為種植，處處可見其芳蹤。

被譽為「天下第一奇瓜」的金絲瓜，清人薛寶辰在《素食說略》中指出：「瓜成熟，放僻靜處，至冷凍時，洗淨，連皮蒸熟。割去有蒂處，灌以醬油、醋，以箸攪之，其絲即纏箸上，借箸力抽出，與粉條甚相似。再加香油拌食，甚脆美。」由於它像蠶繭一樣，可以抽絲攪出，譽為鬼斧神工，倒也名副其實。

而要攪成絲狀，非要蒸熟不可，且須橫向切開，否則瓜絲會斷。必須一次吃完，分成兩次食畢，滋味大打折扣；如果蒸過了頭，將致爽脆全失。又，將它做成冷盤，爽脆不下海蜇，於是有些地方，管它叫「海蜇瓜」，亦稱「植物海蜇」。

用金絲瓜燒菜，風味迥異它瓜。吃法堪稱多元，既可涼拌、做湯，亦能炒食、做餡。其在涼拌時，先把瓜洗淨，橫斷剖開，上籠蒸十分鐘，或煮個幾分鐘，待它涼後，即用筷子以順時針攪動，就會出現金絲，接著以涼開水沖去其上附著的黏液，整治乾淨，置大碗中，隨己意加蔥花、薑末、蒜泥、細鹽、胡椒粉、香油及白醋（用烏醋會影響色相）拌勻即可。喜歡食辣的，也可添紅油，其色澤更豔。香脆爽口，開胃下飯，不愧消夏雋品。此外，亦可用糖、醋拌，點綴些金瓜絲，紅黃相映，悅目動人，能勾饞蟲。而在煮湯時，湯液黏稠，滑順不膩，別有風味。

金絲瓜另有妙處，它富含葫蘆瓜鹼，能調節人體新陳代謝；亦含丙醇二酸，可抑制體內蛋白質轉化，具有輕身減肥作用，欲追求身材苗條者，不妨多食此瓜。

猶記二十年前，前往清境農場，下榻「黎明清境」，莊主林昭明特地介紹此瓜，或燒湯，或炒食，味極佳。謂當地人稱之為「北瓜」或「魚翅瓜」。臨別贈以數瓜，回家依式製作，食者均讚味美，即使事隔多年，依然津津樂道。

金邊白菜饒滋味

散文大家梁實秋在《雅舍談吃》中，指出：「華北的大白菜，堪稱一絕。」早年在北方，居民更將它作為冬儲必備的菜蔬。因而他接著說：「在北平，大白菜一年四季無缺。到了冬初，便有推小車子的小販，一車車的大白菜沿街叫賣。普通人家都是整車的買，留置過冬。」

而號稱「天下第一菜」的大白菜，乃十字花科，蕓薹屬，蕓薹種，大白菜亞種，一年生或兩年生草本植物。學名結球白菜，俗稱白菘、黃芽菜、唐白菜、卷心白、白頭菜、紹菜、天津白等，原產於中國南方，是中國最古老也最主要的蔬菜之一。其在烹調運用時，由於柔嫩適口，既可充作主食（如菜飯及麵食之餡料），亦可當成冷盤、熱炒、大菜、湯羹的主配料，更因其本味清鮮甘美，不搶味，故可調和任何味道。所以，它廣泛運用於各種烹調方法，且適用於醃、醬、糟、泡等製作方式。

基本上，可單獨成菜，又別具滋味的大白菜，講究的菜色，必用其菜心，取其嫩而甘。如用其外幫，又燒出妙品，才真不簡單。「金邊白菜」無疑是此中的翹楚，連老佛爺都愛吃。

此菜原為西安的家常菜，後流行於市集中，歷史甚悠久，將近兩百年。當庚子之變時，慈禧逃至西安，每餐數十菜餚，必有「金邊白菜」。有次吃得興起，特意召見司廚，賞以親筆寫的「富貴平安」中堂一幅，一時傳為美談。

又，這位大廚師，乃秦菜名廚李芹溪。他原名李松山，在武昌起義時，曾率領一批青年廚子奮勇殺進西安，被譽為「鐵腿鋼胳膊的火頭軍」。待民國肇建後，政府授以官職，但他堅辭不受，只願開辦餐館，並主理其廚務。等到于右任回陝主持「靖國軍」，二人結為好友，精於品味的于右任覺其名不雅，特為他改名芹溪，號泮林。

話說回來，清末翰林院侍讀學士薛寶辰，撰有《素食說略》一書，記載：「菘，白菜也，是為諸蔬之冠，非一切菜所能比……或取嫩葉切片，以猛火油灼之，加醋、醬油起鍋，名『醋溜白菜』。或微搭芡，名『金邊白菜』，西安廚人作法最妙，京師廚人不及也。」

此菜目前製法：將大白菜剝去老葉，洗淨瀝乾水分，切成長斜形片；乾辣椒劈半去籽。炒鍋燒熱，放菜籽油，燒七成熟，接著下乾辣椒炸至發焦，投薑末及白菜，以大火急速煸炒，先噴香醋顛翻，再加精鹽同煸，至菜邊緣呈金黃色時，下濕澱粉勾薄芡，淋上麻油，出鍋裝盤即成。

這道菜色澤金黃，酸辣脆嫩，頗能誘人食欲，是下米飯佳餚，寒冬時吃上癮，豈只一碗而已？胃口連日難開，食此菜最得宜。《本草綱目》上說，白菜「主治通利腸胃，除胸中煩，解酒渴，消食下氣……」等等。值此素菜上品，痛快一下又何妨呀！

春滿人間豆板酥

長江頭與長江尾，皆特別愛吃蠶豆。這兩個地方，一個是天府之國的四川，另一是煙雨翠柳的江南。有一道特別菜色，都用蠶豆和雪菜，不僅名稱不同，同時在呈現上，也是互見巧思。這兩樣我都愛，一旦春意漸濃，馬上登盤薦餐，有時一盤不夠，還得再添一盤。

川菜中的「雪菜豆泥」一味，淵源自江南的「雪菜豆板酥」，乃一世紀前，「小洞天」的名菜。該餐館有意思，在清末時開設，起先位於重慶四坡公園附近，依山傍築，掘岩壁而成洞，洞內設有客席，配以陶製桌凳，冬暖夏涼，古意盎然，宛若「洞天福地」。其作法為：取老熟蠶豆去皮，其瓣質地酥糯，具有獨特鮮香，煮透搗爛如泥，拌和些雪菜末，或盛碗扣白瓷盤中，或盛於墨色陶缽內，而在臨吃之際，淋上麻油數滴，即是佐酒佳品。一般都是冷吃，搭配白粥亦妙。有趣的是，此菜我都在江浙館子品嘗，早年在香港的「鄉村飯店」，以及台北的「聚豐園」皆是，後者更是一絕，豆泥軟細而綿，不時逸出馨香，加上其色翠綠，搭配著白瓷盤，兩相襯映之下，一如大地盡綠，彷彿春滿人間。

「雪菜豆板酥」亦名「雪菜豆瓣」、「鹹菜豆瓣」，是台灣江浙館子或上海餐廳的時令佳餚。在江南或四川，蠶豆由嫩轉老，應在春末夏初，台灣則得天獨厚，早在初春時節，市面已有供應，餐館有見於此，樂得提前推出，或以冷菜出現，將它當做頭盤，或者火速盛盤，搖身變成素菜，既開胃，又可口，佐飯下酒皆宜。

而在製作之時，「馮記上海小館」會用去皮蠶豆，在水中略煮後，再以小火燜到酥爛，接著再取雪菜，在油裡旺火燒，隨即加些許鹽、糖，燒至收汁即成。由於蠶豆瓣的口感要酥，此酥乃爛熟之意，而豆瓣簡寫為「板」，始有「豆板酥」之名。其妙在雪菜不必多放，能提鮮助甘即可。用料單純，工序簡單；此為正宗手法。「上海極品軒」則不然，在起鍋之前，會淋點香油，增加其香氣與亮度，同時撒些熟松子點綴，增點花俏，以助食興。

「雪菜豆泥」一味，堪稱名副其實，成品保持泥狀，因盛器之不同，而改變其形狀；「雪菜豆板酥」則不然，豆瓣顆顆分明，形狀完整如初，入口立即消融，用酥以為菜名，可謂畫龍點睛。

蠶豆原產中國，考古界於二十世紀五〇年代後期，在浙江吳興錢山漾新石器時代的遺址中，即發現此物，距今約五千年左右。又，據范文瀾《中國通史簡編》記載，張騫通西域時，所攜回的植物品種中，便有良種蠶豆，故另稱為胡豆。當下兩者並存，分大粒種與小粒種，前者品質甚佳，但後者以量取勝。每逢蠶豆上市，管它大粒小粒，只要燒得酥爛，一定好吃得緊，就怕火候失準，沒有恰到好處。

清代大食家袁枚，在《隨園食單》一書，指出：「新蠶豆之嫩者，以醃芥菜炒之，甚妙。隨採隨食方佳。」此即「雪菜豆板酥」的原貌。如果機緣湊巧，能夠隨採隨吃，當然鮮甘細腴，食來更夠味了。

最能發鮮大頭菜

大頭菜為蕪菁的別名，乃蔬菜中的上品，鮮食極有滋味，醃漬之後再吃，也是別有風味。它亦常用於小菜，凡吃麵或餃子時，點此佐食，清脆爽口，胃口隨之而開。

關於鮮食大頭菜，近人伍稼青的《武進食單》內，有一道「大頭芥絲」，和咱家所製雷同，夏日食之尤妙，特錄之如下：「大頭菜切絲，愈細愈好，入油鍋中炒數下即取出，拌以預先炒熟之黑芝麻及少量食鹽，食前加麻油拌和，佐酒或為粥菜皆宜。」黑白相間，煞是好看。如果閣下無辣不歡，再加點紅辣椒絲同炒，視覺效果更好，頗能發汗袪暑。

蕪菁一稱「諸葛菜」，它之所以得此名，必與諸葛亮有關。唐人韋絢的《劉賓客嘉話錄》，指出：「諸葛亮所止，令兵士獨種蕪菁……取其才出即可生啖，一也；葉舒可煮食，二也；久居隨以滋長，三也；棄去不惜，四也；回則易尋而采之，五也；冬有根可劚（即砍）而食，六也。比諸蔬屬，其利不亦溥哉？三蜀之人，今呼蔓菁為『諸葛菜』，江陵亦然。」拈出了蕪菁有六大好處。其實，它的妙用尚不止此，既可代糧救荒，同時耐貯藏，易運輸，且利遠運。至於營養豐富、價廉物美，尚在其次。難怪諸葛亮南征孟獲，必用其種子，廣植於山中，以補給軍食。

明人李時珍的《本草綱目》，盛讚蕪菁之好，云：「蕪菁南北皆有，北土尤多。四時常有，春食苗，夏食心（亦謂之苔子），秋食莖，冬食根。河朔多種，以備饑歲。菜中最有益者，唯此爾。」對它推崇備至。然而，它卻常遭人們冷落，在有些盛產地，還被當成飼料，於是吳其濬不勝感慨，說：「余留滯江湖，久不睹蕪菁風味，自黔入滇，見之圃中，因為〈諸葛菜賦〉。」賦文有云：「偉此伶仃之小草，猶留宇宙之大名（引杜甫之詩）。」結尾則是「中興不再，舊陣空遺；浮雲變古，也歎如斯。遙悵望兮無盡，輒流連而賦之！」眷顧之情，溢於言表，讀之神傷。

《武進食單》在「醬菜」條下，寫著：「各大醬園門市部，多出售各種醬菜，如醬瓜、醬薑、醬蘿蔔、醬大頭菜……之類，多為佐粥小菜。另有一種『醬雲南大頭菜』，係黑色，如切成細絲與豬肉絲同炒，亦有味。」用豬肉絲，當然不符茹素者享用，經我多年研究，發現以蒟蒻絲替代，滋味更妙，不僅脆爽，尤饒意境，大有味外之味，諸君或可一試。

目前的醬大頭菜，多以產地命名，其著者有雲南大頭菜、畢節玫瑰大頭菜、黔大頭菜、襄樊大頭菜、淮安大頭菜等。除淮安外，皆和諸葛亮有切身關係，十分有趣。

相傳淮安的大頭菜，在南宋期間，大放異采。當時名將韓世忠及夫人梁紅玉鎮守於此，基於戰備需要，廣泛種植蕪菁，並發給每位士兵一個陶罐，專門貯存老滷醃製的大頭菜，後人稱之為「韓罐子」。且存放時間愈長，味道愈為鮮美。

清代大食家袁枚，也在《隨園食單》中寫道：「大頭菜出南京承恩寺。愈陳愈佳。入葷菜中，最能發鮮。」此言甚是，但非絕對。我曾用一般的大頭菜，將它切成細絲，豆腐乾亦如此，再加些辣椒絲，三者炒在一起，香氣陣陣撲來，入口津如泉湧，真是下飯佳品。又，當成麵的澆頭，也是好吃得緊。

慈姑格比土豆高

我對慈姑有深刻印象，源自於汪曾祺撰寫的〈故鄉的食物〉一文。此慈姑即茨菇，他寫道：「前好幾年……到沈從文老師家去拜年，他留我吃飯，師母張兆和炒了一盤茨菇肉片。沈先生吃了兩片茨菇，說：『這個好！格比土豆高。』我承認他這話。吃菜講究『格』的高低，這種語言正是沈老師的語言。他是對什麼事物都講『格』的，包括對於茨菇、土豆。」

慈姑屬澤瀉科，原產於中國。生淺水中，三月生苗，青莖中空，其外有棱，葉如燕尾，前尖後岐，開四瓣小白花，花蕊顏色深黃，霜後葉枯，根乃肥結。此多年生草本植物，明人李時珍在《本草綱目》中指出：「慈姑，一根歲生十二子，如慈姑之乳諸子，故以名之。」描繪傳神風趣。不過，慈姑通常結實十到十五枚，在農業社會裡，視之為吉祥物，尤其在嶺南，常將它和柑橘同放一盤，寓瓜瓞綿綿之意。

俗作茨菰，一名白地栗，一名河鳧茈慈姑，南宋詩人陸游，曾在紹興吃過，並賦有詩句，云：「掘得茈菇炊正熟。」未說明怎麼吃，倒是值得探討。

清人薛寶辰在《素食說略》說：「味澀而燥，以木炭灰水煮熟，漂以清水軟美可食。」王士雄的《隨息居飲食譜》則謂：「甘苦寒，用灰湯煮熟去皮食，則不麻澀，入肴加生薑以制其寒。」其實，慈姑之根部，滋味麻且澀，難怪汪曾祺會明白地講：「民國二十年，我們家鄉（指江蘇高郵）鬧大水，各種作物減產，只有茨菇卻豐收。那一年我吃了很多茨菇，而且是不去茨菇的嘴子的，真難吃。」

其所謂的嘴子，即指長長的尾巴帶個小圓頭，夾雜著苦澀味，其皮亦有苦味，須去之而後快。在一般的餐館，它所以被冷落，除其貌不揚外，處理上也麻煩，因而不受青睞。不過，北京罕見此物，所以「賣得很貴，價錢和『洞子貨』（溫室所產）的西紅柿（蕃茄）、野雞脖韭菜差不多」。是以汪曾祺因久違而生情，每年春節前後，北京的菜市場中，有此物販售，他見到時，總會買點回來炒肉，家人不怎麼愛，每次都他「包圓兒」（即吃光）。但在他的家鄉，卻吃「鹹菜茨菇湯」，作法只是鹹菜切碎，加了些茨菇片即成。而吃不慣的人，總引不起食欲。

記得末代皇帝溥儀的膳食中，出現過「慈姑燒肉」，由此可想見其格調頗高，另，上海及廣東也會供應此饌，務使肉有慈姑味，而慈姑有肉味，彼此相得益彰。我曾在香港灣仔「留家廚房」嘗過，真是另個味兒。

慈姑可與麵筋、香菇、木耳同烹，或將它切薄片，油炸令其鬆脆，均為素筵佳品。又，

「炸慈姑片」確為佐酒佳餚，比常見的炸薯條及洋芋片，食來更有韻味，這種風味小吃，富有中國特色，值得拈來一嘗。

此外，舊時江南茶館，有售煮熟慈姑，蘸糖而食，饒有鄉土氣息；亦可蘸鹽，和油炸的一樣，乃下酒之珍物。慈姑梗莫輕棄，把梗去外殼，在油裡炸過，加入京冬菜，擱些糖和鹽，澆清水些許，炒個兩三下，即「炒慈姑梗」，脆爽兼有之，下飯之雋品。

食趣高昂品香椿

我的食友老張，平生最嗜椿芽，不管是食鮮品，還是製成椿醬，一直愛不釋口。曾隨他吃火鍋，裡面皆為素料，但都不離香椿，或以椿芽入鍋，碧綠脆爽有味，或調椿醬提味，食之尚有別趣，對我只是嘗嘗，他則喜上眉梢。

香椿為野生蔬菜類烹飪食材，為楝科楝屬多年生落葉喬木香椿樹的嫩芽。又稱椿芽，香椿頭、椿葉。中國是世界上迄目前為止，唯一以香椿入饌的國家，在魯、徽、豫、陝、川、湘、桂等地，皆有大量栽培。其中，以安徽太和縣所產的「黑香椿」品質最佳，質地脆嫩無渣，鮮美芳香，舉國知名。如以季節區分，在清明前採摘，枝肥芽嫩，梗內無絲，有濃香味。

早春大量上市的香椿，因品質不同，可分成青芽和紅芽兩種。青芽青綠色，質好香味濃，主要供食用。紅芽紅褐色，質粗且味差，僅聊備一格，多充調味品。

關於香椿食法，清人朱彝尊的《食憲鴻秘》中，記載了兩種，望之有意思，但現已少見，謹錄茲備覽。其一為「油椿」，製法為：「香椿洗淨，用醬油、油、醋入鍋煮過，連汁貯瓶用。」之所以會如此，主要是一年中，香椿僅數十日於市面上有售，為保留好滋味，故多貯藏備用。另一為「淡椿」，取「椿頭肥嫩者，淡鹽挐過，薰之」。此法以煙燻之，恐怕利於保藏。目前用鹽醃的，多半直接食用，亦有在夏日時，切碎摻入涼拌菜中，甚能誘人食欲。

此外，以香椿當調味品，清初顧仲的《養小錄》已有記載，云：「香椿切細，烈日曬乾，煎腐（指豆腐）中入一撮，不見椿而香。」我曾吃過一回，比起用榧子同煮的「東坡豆腐」（見林洪的《山家清供》）來，似乎更有味兒，清雋而帶馨香，可惜僅此一次，留下不盡相思。

而愛食香椿的，一直不乏其人。在近現代史上，出了兩則軼事，能供談助之用。一是康有為，二則是林散之。二人皆書法名家，也都留下墨寶，成就一段佳話。

原來徐州的皇藏峪，盛產名貴香椿。當民國初年時，康應張勳之邀，來到徐州議事。久聞皇藏峪風景秀麗，便抽空前往觀光。寺僧以醃漬的椿芽，款待這位貴客。康有為食罷，大加讚賞後，即揮毫相贈，並重賞寺僧。從此，當地的景與香椿，雙雙享譽至今，可見名人加持的效果，不可謂不大矣。

我愛讀《金陵美肴經》，這是「廚王」胡長齡的得意之作。當書稿完成時，他便前往林散之府上，請林老題書名。林老喜食香椿，此時正在品享。胡乃親操刀俎，做了三個好菜，分別是「拌香酥鬆」、「香椿蒸蛋」及「裹炸香椿」。前者尤佳，是將香椿頭切碎，再把雞脯肉及瘦火腿肉切成米粒狀（愚意可改用豆乾丁和酥炸的碎海苔），加調料拌勻，質嫩味鮮，清香適口。林老吃得滿意，題筆寫了書名，並落款「九十老人林散之」。書的內容詳盡，筆意遒古醇正，兩者相輔相成，堪稱絕配。

又，香椿除入饌外，亦可用來泡茶。據清初《花鏡》中的記載：香椿「嫩葉初放時，土人摘以佐庖點茶，香美絕倫。」我尚未品享過，盼得「黑香椿」時，再品此香茗了。

乾菜作餡味佳美

朱自清的散文，在白話文當中，最合我的脾胃，其〈說揚州〉一文，真是百讀不厭。文章裡面提到：「揚州的小籠點心……最可口的是菜包子、菜燒賣，還有乾菜包子。菜選那最嫩的，剁成泥，加一點兒糖一點兒油，蒸得白生生的，熱騰騰的，到口鬆鬆地化去，留下一絲兒餘味。乾菜也是切碎，也是加一點兒糖和油，燥濕恰到好處；細細地咬嚼，可以嚼出一點橄欖般的回味來。」描繪生動有趣，不禁垂涎三尺。

據故老們相傳，霉乾菜的發明，應與句踐復國有關。原來公元前四九四年，吳王夫差大敗越軍，越王句踐退守會稽（今浙江紹興）乞降。為取信於吳王，身入吳都姑蘇（今江蘇蘇州），親為夫差執役，禮卑辭服，恭謹有加。經過三年光景，始獲放還歸國。句踐為了雪恥，於是臥薪嘗膽，「十年生聚，十年教訓」。在他的帶動下，百姓縮衣節食，每年一到秋天，便將青菜醃製曬乾，可以常年食用，霉乾菜即因而產生。姑不論其真實性如何，先秦的文獻中，即有此菜記載。而且此風流傳至今，當下紹興的居民，仍有「什九自製」乾菜的習俗。

霉乾菜在紹興，與酒及豆腐乳，一向鼎足而三。它又稱鹹乾菜、乾菜、梅菜，是一種以莖用芥菜或雪裡蕻醃製的乾菜。除紹興外，浙江的蕭山、桐鄉和廣東的惠陽，均是重要產地，同以量大質精著稱。不過，浙江所產者，主要以細葉或闊葉的雪裡蕻醃製；而廣東所產者，則以一種變種的芥菜醃製。材料雖不同，風味亦有別，但全是上品。比起用蘿蔔頂上莖葉所醃製的，高明不知凡幾。因後者不僅質量差，且帶有苦澀味，真上不得檯面。

在醃製霉乾菜的過程中，需經過短時間的發酵，才會鮮香馥郁。通常質量好的霉乾菜，含水量約百分之十八，其色黃亮，粗壯柔軟，大小均勻，葉形完整，不見雜質及碎屑。而在食用它前，需用冷水洗淨，再經刀工處理，即可烹製成菜，非但民間常食，偶亦用於筵席。

以霉乾菜治饌，可蒸、燒、炒或作湯。常搭配的素料，主要有筍、毛豆、蠶豆、豆腐、麵筋等。我愛吃的「梅菜炒毛豆」，就是習見的家常菜。此外，我亦愛食的「乾菜筍」，是把霉乾菜切碎，與經醃製燙曬乾的嫩毛筍拌和，它為浙江餘姚、慈溪一帶的傳統土特產，既能久貯，味亦鮮美。年幼時吃稀飯，桌上必備此物，迄今回味不盡。

早年台北的「一家春湖北菜館」，其所供應的「乾菜燒賣」，選用紹興乾菜製作，賣相俏，餡飽滿，下墊大白菜葉同蒸，味道之棒，即使酒足飯飽，仍得吃個一籠，才算不虛此行。自從其歇業後，岳母知我愛食此味，改以上品的惠陽霉乾菜，它的包裝裡面，只有莖而無葉，剁碎製成包子，其味清雋，極饒滋味。可惜她年紀大了，已十餘年未嘗這個滋味，現在回想起來，只能扼腕而歎，盼望時光倒流。

淮南祕術惠天下——豆製料理

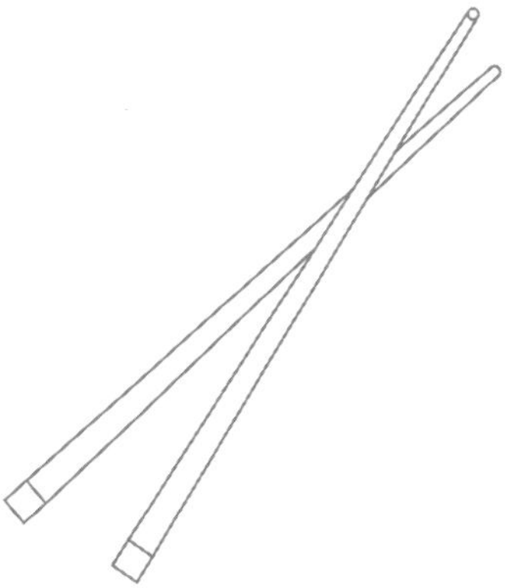

食素雞亨運通

雞的口彩極好，「大吉大利」不說，「吉祥」、「食雞起家」，也是不錯詞兒。長年食素之人，值此雞年到來，想要沾個喜氣，品嘗一些「雞」饌，藉以萬象更新，甚至三陽開泰，應是美事一樁。且在此介紹兩款素菜，都與「雞」有關連，如果依式製作，進而新春享用，或能帶來好運，從此整年康泰，神益清氣尤爽。

其一是「素水雞」，其二則是「素雞」。

象形菜的作用，在於啟迪想像，維妙維肖固佳，如果寓意深遠，那就更理想了。新年遇水則發，當然是好意頭。水雞又名田雞，不僅滋味頗佳，食之甚類雞肉，而且善於跳躍，在其彈跳之間，一發不可收拾。「素水雞」這道菜，出自清人童岳薦的《調鼎集》，特為食素者準備。它既顯示餐桌上具濃郁文化氣息，又運用了慧心巧手，融各種菜蔬於一盤，使來客感覺主人的款款深情，也算是別開生面。

基本上，「素水雞」是道油炸的佳餚。過年時重口彩，菜餚經火一炸一燻，可代表家運興旺。此菜製作簡易，其原文為：「藕切直絲，拖麵，少（稍）入鹽、椒（即花椒），油炸。」然而愈是簡單，愈不容易討好，此所謂的「拖麵」，即是掛上麵糊，採用軟炸方式。通常是用五到六分熟的油溫，先炸至斷生，再以七到八成的熟油，復炸出鍋，瀝油裝盤。以外脆內鮮，金黃馨香著稱。

不過，燒法人人會變，個個巧妙不同，另一款「素水雞」，載之於《中國歷代名食薈賞》，它不用花椒，食材則改用紫蘇嫩葉、切片新鮮香菇和切丁狀的黑木耳，手法雷同，別有風味。

又，「素雞」亦清代佳餚，見之於夏曾傳的《隨園食單補證》。夏別號醉犀生，出身錢塘世家，能識飲食精微。他在書中指出：「素雞用千層（吳俗呼百葉）為之，折疊之，包之，壓之，切成方塊，蘑菇、冬筍煨之，素饌中名品也。或用葷湯尤妙。」

百葉亦稱百頁，屬半乾性製品，可以切成細絲，或燙煮後拌食，或配炒菠菜、韭菜，配燒青菜、白菜等，也可單獨燒燴成菜。此外，運用其包捲特性，常用於製作素雞、素鵝、素火腿等。其名產有湖南常德「武陵豆雞」和南昌「捆雞」等，常用於素席的涼菜，或者是燴菜的原料。

我翻看素菜席譜，發現位於四川的寶光寺，不論是高檔、中檔及低檔的素菜席，它們的冷菜中，皆有「素雞」一味，且中、高檔的素席，尚有「素板雞」。而它用素雞涼拌時，另有薑汁和麻辣兩種，可見其吃法多元，不光是用來煨湯。

素雞切塊後，用雞高湯煨，可謂鮮上加鮮。其實，純用黃豆芽煨湯，比起真正的雞湯，濃郁即使不足，但是清馨得多，恐怕不遑多讓。夏曾傳先生所說的用蘑菇、冬筍同煨，其滋味一定棒；如果改用素高湯，味道也不是蓋的。其法：先將黃豆洗淨、浸泡；黃豆芽、冬菇梗、草菇、紅棗亦洗淨。接著把黃豆芽、冬菇梗、草菇、置鍋內，添適量水煮沸，再放入黃豆、去皮栗子、紅棗，以小火煮爛即成。

把各料撈出，置於中碗內，亦是一道菜，取它部分湯汁，另外去煨「素雞」，一式兩吃，吉祥如意，又何樂而不為呢？

仿葷素菜褪流行

以前北平的素菜館，據老報人金受申在《老北京的生活》一書的記載：「不動葷腥，以豆腐、麵筋、菜蔬為主，專供佛門信士和久厭膏腴的闊人滌洗腸胃之需，如『功德林』、『香積園』都是。……雖然沒有山珍海味、雞鴨魚肉，價格卻不便宜，因而問津的很少。」惟此一情形，一到了南方，因習性不同，卻大趣其趣。今以同名為「功德林」者為例，確實有天壤之別。

籍隸浙江慈溪的姚志行，十五歲進上海，在「慈林素菜館」當學徒。過了半年，轉往「功德林蔬菜食處」，拜唐庸慶為師，經他悉心指導，打下深厚基礎，掌握素菜、素點烹調技能。自一九五〇年起，成為該館首席廚師，經驗豐富，功夫紮實，饒有創意，遂成一代大師。

姚嫻於製作以豆腐、素雞、麵筋、烤麩、粉皮為食材的菜餚，善於兼容並蓄，巧妙把各地風味菜的特色，運用入素菜之中，擴展素菜領域，道道幾可亂真，贏得「素菜第一把手」的令譽。比方說，他創製的「素炒蟹粉」，以土豆、紅蘿蔔、香菇條，分別替代蟹肉、蟹黃、蟹爪，再拌入薑末製成，姑不論其形態逼真，而吃口之細膩芳鮮，尤襯出其卓犖不凡的本事，讓人嘖嘖稱奇。

他另用綠豆粉製成魚丸，雪白鮮嫩，風味極佳，直追真品。他如「走油肉」、「炒素鱔糊」、「糖醋排骨」、「醋溜黃魚」等等，不但無一不佳，同時引人倣效，領一代之風騷。除此而外，他還以西法入素饌中，維妙維肖，佳評泉湧。在十方擁戴下，其「奶油蘆筍」、「吉利板魚」等品種，既揚名滬上，亦紅遍海外。

在培育人才方面，姚志行不遺餘力，栽成弟子遍神州。《功德林素菜譜》一書，即根據其口述，再編寫而成冊。其中不乏仿葷素菜，食客們普遍認為：非但形似，而且味道和質感，與葷菜類同，乃山寨版之上上品。

約半世紀前，我嘗過台北的「功德林」。按照家鄉規矩，未存活於人世，一旦到了百歲，即入祖先行列，不再單獨祭拜。先祖父小泉公，百歲忌日當天，在台家屬聚集，於善導寺做畢法事，已過用餐時間。記得先伯父在「功德林」訂兩桌頂級素饌，群趨用膳。當時我方十齡，只覺得桌上羅列雞、鴨、魚、肉，吃起來卻不是一回事。起先挺抗拒的，或許是肚子餓，愈吃愈有味兒。此後，吃將近十次的仿葷素菜，但感技藝不復以往，早就已非舊時味了。幸喜時至今日，人們所講究的素饌，在食材這環節，必須求其有機，接著烹調方式，強調簡單自然，得其原汁原味。純就此點觀之，素食回歸本來，不求葷菜形式，才能滌洗腸胃，進而淨化心靈，影響誠大矣哉！

百頁雋品燒黃雀

腐皮所燒成的素饌，就我個人而言，特愛那「素黃雀」，首次吃即愛煞，它既名「素黃雀」，亦稱「素燒黃雀」，且不管其稱呼，但其曼妙滋味，一直浮掠心頭。

此菜的主料為百頁，乃糧豆品類加工性烹飪食材，是一種著名及重要的豆製品。又稱千張、皮子、豆腐皮、豆腐片、腐衣、腐皮、豆片。它在製作時，是以豆腐腦用布摺疊，再壓製成片狀的製品。其上品必須是薄而勻，質地細膩，柔軟而有咬勁，呈淡黃色，具有光澤，除味道純正外，還得久煮不碎。中國名品甚多，台灣亦有佳構。

百頁屬半乾性製品，可以切成細絲，或燙煮後拌食，或配炒菠菜、韭菜、豆苗、雪菜，配燒青菜、白菜及茭白，當然也可單獨燒燴成菜。如切大片包裹，運用包捲特性，常用於製作素雞、素火腿、素香腸、素鵝等，多充做一般筵席的涼菜，亦可當燴菜原料，最有名的乃「素黃雀」，每用之於筵席，為素饌之雋品。

顧名思義，「素黃雀」以形似黃雀而得名，早年常見於台北的江浙或上海餐館中，且是席上之珍，每當成壓軸菜，吃罷再享湯品，喉韻依舊在，幾度上心頭。

這個菜在呈現上，主要是粗料細做，論起它的食材來，沒一樣是值錢的，但經複雜工序後，重新排列組合，賦予其特殊滋味，雖不是巧奪天工，但也算得其髣髴，廚師的獨具匠心，在此則一一彰顯，我之所以極欣賞，就在於別出心裁，能化腐朽為神奇。今以省工為取向，既講究回本要快，而且可坐收巨利，如此的慧心巧手，亦只能束諸高閣，引老饕無限遐思，幸好現尚能吃到，否則終成廣陵絕響，令識味者徒呼負負。

此菜的製作要領，可謂是各有竅門。即以我嘗過最多次的「馮記上海小館」而言，其主要食材為豆腐皮、豆乾、香菇和青江菜等。先將腐衣切成扇形，取其一半，再將豆乾、香菇切末；青江菜（亦可用雞毛菜、薺菜）及掐菜（即去頭、尾的綠豆芽，俗稱「銀芽」）汆燙後，過冷水瀝乾斬末。把這四樣素料，接著拌勻香油，則是餡料，包覆腐衣內，打成個雙結，便成一頭尖，另一頭圓形，形體似黃雀，約備個十隻，以清油炸透。油溫不宜高，凡過與不及，均影響品質，待炸至金黃，就全部撈起，添筍片、毛豆，佐醬油、白糖紅燒，俟燒透入味，乃勾芡盪鍋，將「黃雀」翻面，淋上些香油，盛盤後即成。

而為了美觀，可用炒過的菠菜或豆苗襯邊，翠黃相間，黃雀金黃帶爽、香甘清脆，嚼之餘味不盡，充滿著幸福感。英倫食家扶霞女士，曾著《魚翅與花椒》，風行海峽兩岸。我邀她在「馮記上海小館」同享，食罷讚不絕口，一再稱謝不置。

此菜尚有個做法，即不再紅燒，於油炸撈出裝盤後上席，隨帶花椒鹽，甜麵醬，另以炒掐菜搭配，如此則和諧多樣，且能淨口澄心。但比較起來，我更喜愛前者，蓋口感多變化，富層次及美感。猶記得我第一次嘗此絕妙美味，是在台北信義路上的「滿順樓」，店家歇業甚久，現更屈指可數，除「馮記上海小館」外，僅「浙寧榮榮園餐廳」等數家而已。

豆腐味美超營養

知名作家彭歌曾說：「豆腐是真正的民族工業，更是中國人十分重要的一種『發明』，大家沒有重視它，甚至認為它『上不得酒席』，這種心理也要算是末世澆薄之風。」他繼而發出浩歎，指出：「不以其真才實價來判斷，而以其『市價』來定高低，我們的愚蠢，恐怕不止限於對豆腐是如此吧！」

是的。在華人的世界裡，豆腐雖然很普通，但無論什麼地方，價格都很平民化。這如同它的身世，能化腐朽為「神奇」，做出一道道珍饈，而且是變化萬千。

我吃過幾款有「富貴氣」的豆腐，如為人所豔稱的「八寶豆腐」、「三蝦豆腐」、「畏公豆腐」、「砂鍋什錦豆腐」等，粗料細做，踵事增華，別有滋味外，也別開生面，能開些眼界。但若論我的最愛，仍是些簡單烹調，像煎豆腐、紅燒豆腐、崩山豆腐、皮蛋豆腐、小蔥拌豆腐等。因為這樣才能保留它的真味，即使吃個千百回也不厭倦。

而最引我一快的，則是泰安的「三美豆腐」。由於自古以來，就有「泰山有三美，白菜、豆腐、水」之說。泰安白菜，個大心實，質細無筋；泰安豆腐，漿細質純，嫩而不老；泰安泉水，清甜爽口，不見雜質。是以當地飯店，將此合而為一，製成「三美豆腐」。

豆腐起先是泰安農家的四季便菜，隨著歷代帝王赴泰山祭祀，先後建立許多寺廟、庵堂。在祭東嶽大帝前，人們必吃素吃齋，豆腐遂搖身一變，成為主要的菜餚。早在元代之前，豆腐所製菜餚，已是當地名菜，「三美豆腐」即為其一。

據清乾隆年間修訂之《泰安縣志》記載：「凌晨街街梆子響，晚間戶戶豆腐香，泰城家家豆腐坊。」已充分反映出，泰安城豆腐業興旺的景象。至於「三美豆腐」，一直沿襲至今，享譽並馳名中外。當地現仍流傳著，「遊山不來品三美，，泰山風光沒賞全」，足見其影響深遠。

二〇一二年夏天，登東嶽泰山，途經泰安時，宿「東嶽山莊」，一共吃了五頓，皆有「三美豆腐」，純粹素料烹煮，湯汁乳白而鮮，豆腐軟滑細腴，白菜鮮嫩柔滑，堪稱清雋爽口，每次喝個兩、三碗，真的是不亦快哉！

此外，我甚垂涎周作人筆下的「溜豆腐」。它在製作時，「是把豆腐放入小缽頭內，用竹筷六七隻，並作一起用力溜之，即是拿筷子急速畫圈，等豆腐全化了，研鹽種為末加入，在飯鍋上蒸熟。鹽種或稱鹽奶，云是燒鹽時泡沫結成」。

而在品享之際，「新成者也可以吃，但以老為佳，多蒸幾回，其味更加厚」。看起來挺有趣，正因從來未吃過，心中總惦念著，只盼有幸一嘗。

豆腐潔白如玉，柔軟細嫩，適口清爽。學貫中西、兼通醫理的孫文，在《建國方略》說：「西人提倡素食，本於科學衛生知識，中國人素食者多吃豆腐。夫豆腐者，實植物性之肉科也。此物有肉料之功，而無肉料之毒，故中國全國多素食，而不待學者之提倡也。」旨哉斯言！清代名醫王若英曾推許豆腐為：「素食中廣大教主」，確有獨到見地。

豆腐乾殊耐尋味

父親憶及家鄉食品，曾說：「豆腐店每晨有清豆漿出售，熬豆汁即成豆腐，有老、嫩之分，如果製成豆腐乾（俗寫為干），則有白豆腐乾、香豆腐乾之別。」此豆腐乾市場常見，可整塊滷，也能切丁、片、條、絲狀，燒成各式美饌。其佳品固然不少，但袁枚在《隨園食單》所載的「牛首腐乾」，看了就對我胃口。他寫道：「豆腐乾以牛首僧製者為佳。但山下賣此物者有七家，唯曉堂和尚家所製方妙。」出家人茹素，擅製豆製品，乃理所當然，卻在盛產地，能一枝獨秀，其滋味之棒，應想當然耳。

然則，我和家父一樣，愛吃豆製零食。他獨鍾「扯蓬豆腐乾」，我偏好「黑豆腐乾」。前者為常熟特色小吃，後者是震澤著名特產。這兩款豆乾，皆出自江蘇，但不論在風味和造型上，居然南轅北轍，值得記上一筆。

「扯蓬豆腐乾」在製作時，先製成一般豆乾，接著用竹籤沿著對角，從中間串起呈扯蓬狀，再於兩面斜刀，各切一半厚度，刀鋒轉為均勻間距的細條，形成兩面不交叉的網格，將它稍微拉開，放置待其蔭乾，然後用溫油炸，色呈金黃撈出，擱桂皮、八角、小茴香、黃酒、醬油等配料，以文火燜至滷味鮮香。臨吃之際，再放適量麵醬，現會加些辣油，入口酥嫩夠味。我後來慕名品享，味道極為特別，難怪父親愛煞。

至於「黑豆腐乾」，其外型黝黑而方，實在很不顯眼，反而能享大名，相傳和乾隆有關。他有次微服來到吳江震澤的龍泉口，只見河水滔滔，不見遠近有橋，岸邊又無渡船，根本無法過河，侍衛們四出找尋，終於弄到一條蓬蓬船。等到船靠攏後，由於其蓬太小，需要彎腰低首，才能進入艙內，即使貴為天子，仍得屈尊低頭。後來有些好事者，在此造一座橋，管它叫做「磕頭橋」。

待乾隆坐定後，覺得肚子餓了，船內沒啥吃的，只有黑豆腐乾，於是拈起充饑，或許饑腸轆轆，感覺味道不錯，連吃了好幾塊，不覺口乾舌燥，侍衛奉上開水，如此淡而無味，實在難以下嚥。在臨時抱佛腳下，以豆乾置開水內，放上好一陣子，待開水入味後，再呈給皇上喝，沒想到飲用後，味道出奇地好，便喝了個精光。姑不論是否齊東野語，「黑豆腐乾」竟蒙皇上品賞，自然水漲船高，非但成為貢品，同時播譽四方，號稱「進呈茶乾」。

此豆腐乾製作考究，選優質黃豆、菜油、冰糖、醬油、茴香、桂皮等，黃豆透過浸、碾、濾、煮、點漿等工序，先製成豆腐狀，接著劃小方塊，以布包裹，榨去水分，沸水泡煮，去豆腥氣，製成白胚。入鍋用文火燜煮，再添麵醬、菜油、冰糖、茴香等輔料，收乾湯汁起鍋，然後以飴糖熬成的濃汁，兩度上色方成。

黑豆腐乾色黑有光澤，其味馥郁，其味鮮美，甜鹹適中，其質細韌，折而不裂，可作茶點，亦能佐餐，並博得「素火腿」之令譽。我無意中品享它，從此結不解之緣，總會想方設法，弄些放在身邊，成為最佳「茶配」。

送終恩物吃豆腐

早年的俗諺中，常聽到「吃豆腐」，這個不雅詞兒，常見於調侃時，自我消遣無妨，假使玩笑過頭，每會引起誤解，對象若為異性，不免有欠格調。關於此詞起源，今已無從探究。但我個人以為，豆腐質軟而嫩，不論男女老幼，都很容易入口，同時滋味清淡，營養至為豐富，成為調侃用語，自在情理之中。另，稱人家貧而美，或是賣豆腐肆的美少女，則稱「豆腐西施」，其狀況有如當下的「雞排妹」或「豆花妹」。過去豆腐是常食之品，曝光率相當高，找豆腐西施吃吃豆腐，恐怕謔而不虐，拉近彼此距離，平添生活情趣。

但在長江流域，以往去奔喪時，不論遠近村落，往往舉家光臨。據伍稼青所著的《武進食單》記載：「是日家中即不再舉火。喪家自須置備菜飯款待，率以豆腐、百頁、豆腐乾等作主菜，故舉行一次喪事，有須自磨大豆至半石、一石者。鄉下人赴喪家吃飯，謂之『吃豆腐』，此俗普遍流行於四鄉，抗戰時期亦然。」他還特別強調，這「與時下開女人玩笑，謂

『吃豆腐』者不同」。可見同樣是吃個豆腐，其意涵實在大不相同。

豆腐在華人世界裡，一向認定是平民食品，即使貴為天子，照樣也吃豆腐。吳相湘的〈古稀天子與香妃〉一文，提到乾隆在位時，「每逢祭天地宗廟，皇帝雖齋戒，飲食仍照常用葷，惟不飲酒，不食蔥蒜。至於祖先冥誕、忌辰則素食。」他特地從四執事庫檔冊中，尋出御膳房太監每日記錄的〈節次進膳底檔〉及〈照常進膳底檔〉等，發現紀錄有云：「八月二十三日，世宗憲皇帝（即雍正帝，乾隆生父）忌辰，此一日遵例伺候上進素，內廷主位進素。卯初一刻，外請祭福陵畢。卯二刻早膳：『山藥豆腐熱鍋』一品、『竹節艿小饅頭』一品、『蘋果軟膾觔』一品、『口蘑蘿蔔白菜』一品、『羅漢麵筋』一品、『油炸糕』、『奶子糕』，後送『菜花頭炒豆腐』一品。福隆安（乾隆子侄輩）進『雜燴熱鍋』一品、『鹽水豆腐』一品、素包子一品，隨送攢絲下麵，進一品，粳米乾膳進些。」

瞧瞧乾隆吃啥？他在生父忌辰當天，以豆腐熱鍋始，用「鹽水豆腐」終，吃得清清爽爽，既營養又可口，難怪年已古稀，仍然身強體健，享盡人間福報。

在豆腐製成的菜餚中，我個人甚愛「小蔥拌豆腐」及「豌豆尖煮豆腐」，前者比喻一清二白，後者則謂來青（清）去白。既言為人行事，當求清清白白；亦指人百年後，一切皆歸於零，實不需太計較。

清代名醫王孟英，在所著《隨息居飲食譜》一書裡，對豆腐稱頌再三，說它能「甘涼清熱，潤燥生津，解毒補中，寬腸降濁，處處能造，貧富攸宜，洵素食中廣大教主也」。面對此一尤物，當然多多益善。只是大豆及其再製品，市面常用基因改造者，食之恐有害，會令人疑慮，應謹慎選食。

張季鸞嗜川豆腐

名士張季鸞，原籍陜西米脂，其先世均為武人，在明末李自成起義時，曾經立過軍功，到了祖父年代，舉家遷往榆林。其父進士出身，曾任山東鄒平知縣，他即在此出生。常舉于右任之例解嘲，風趣地對人家說：「于右任的小同鄉，是唐代開國元勳、功業彪炳的三原李靖；而我的小同鄉，卻是明末占領北京，逼得崇禎皇帝吊死在煤山的流寇李自成。」

張交遊極廣，為其父母立碑，曾印妥紀念冊，每從臥室取出。照一般人的想像，它上面題的題詞，一定按五院院長和一些名人挨次而排。誰知他拿來的，卻是四大名旦，依松竹梅蘭之序排列，其瀟灑如此，難怪有名士之目。

平日最愛吃四川「砂鍋豆腐」的張季鸞，只要出去打牙祭，布鞋一穿就走，甚至趿拉著鞋，無拘無束，自得其樂。

川菜中的「砂鍋豆腐」，其本名為「崩山豆腐」，用砂鍋煮。或取其在沸水中翻滾之狀，一名「白牛滾澡」。說穿了，就是白水煮豆腐，並無特別之處。而其味美所在，則在於點豆腐所用的汁。此汁非比尋常，必須用十多種不同的調味料配製，而其中必不可少者，為辣椒粉或紅油。

豆腐色白，細嫩，營養豐富，物美價廉，便於消化，且不含膽固醇，備受人們喜愛。四川味兼南北，其用於點豆腐的凝固劑，有鹽滷（膽巴）和石膏兩種。鹽滷豆腐質地綿韌，石膏豆腐質地細腴，兩者各有所長。川人擅燒豆腐菜，甚至有豆腐全席。但要翻滾久而不碎，非鹽滷豆腐不可。

早在三、四十年前，大台北地區川菜館林立，即使巷弄之內，亦可見其蹤跡。我如點下飯菜，必以「麻婆豆腐」或「家常豆腐」為首選；如果品個味兒，則享「砂鍋豆腐」。不過，後來的店家已不用砂鍋，而是用有提把的不鏽鋼鍋，下面燒著酒精爐，雖然效果不錯，但少了份拙趣。

目前川菜罕見此味，反倒是豆腐花（一名腦）盛行，常見於早餐中。唯一和「崩山豆腐」相近者，乃麻辣味型的「山泉竹筒豆腐」。其製法如下：選黃豆入缸，以泉水泡至無硬心，再用青石小磨（可用果汁機替代）細磨成漿，入鍋加生菜油少許攪勻，中火燒開，瀝盡渣滓後，再微火保溫，點滷，使凝固成豆花。接著加蓋，用微火煮三十分鐘，豆腐即告完成。接著紅辣醬以豆油炒斷生，入碗添醬油、花椒粉、紅油辣椒、蒜泥調勻，舀入味碟，然後撒上香料，即是其蘸料。最後豆腐舀成片狀，入楠竹盛器內，注入豆腐汁即成。

此菜妙在豆腐老嫩適度，用筷子就可輕輕夾起；而味碟的調製，亦可根據食者的口味而定，濃淡隨意，渾然天成。

可惜此物雖好，畢竟動手麻煩，以致不能常享。在一些小店中，會看到一大鍋，裡面放板豆腐，塊塊勻整續滾，不禁惹我饞涎，點它個一、二塊，就著素肉臊飯或乾麵而食，也算聊備一格，就當是小確幸吧！

精美素鵝振味蕾

在豆皮製作的頭盤中，我最愛品嘗素鵝，這個涼菜常見，做得好的有限，江浙菜館拿手，每見妙品紛呈。

食家王宣一善烹此味，她所以能出類拔萃，自有其家學淵源。據她親口對我說，其娘家姓許，有表兄二人，皆名重當世。其一為許晏駢，筆名高陽，著作等身，為歷史小說大家；其二為許姬傳，乃一代名伶梅蘭芳的祕書，以《藝壇漫錄》傳世。另，許姬傳的二叔許友皋講究飲饌，精於鑑味，久居杭州，因而「許家菜」，「許家酒」，皆名聞遐邇。他曾說：「菜要清而腴，忌濃油赤醬，選料很重要，杭州的魚、蝦、筍，紹興的九斤黃（母雞），福建的紅糟、醬油，都能使菜味生色，但使用這些東西，要各盡其材。」洵為知味識味之言。

「許家菜」的基礎，來自於宜興菜，許姬傳接著說：「我的祖母朱太夫人，精於烹飪，她與我母親徐玉輝、四嬸母任杏元，都是宜興人，以後又吸收了各地的風味，形成『許家菜』的風格，當年父親冠英公（省詩）請客，來賓有馮幼偉、徐超侯、梅蘭芳……家裡都有好菜，八個涼碟，如風捲殘雲，一掃而光。」而在此端上來的八個涼碟中，共有二十幾樣菜色，最常用的八種中，「素鵝」乃其中之一，頗為朋友們稱道。

這個絕妙涼菜，由朱太夫人向杭州的尼姑庵學來，此豆腐皮非比尋常，它在杭州可是挨號排的，有頭皮、二皮、三皮，甚至有所謂糖皮。在製作「素燒鵝」時，用頭皮太硬，三皮太脆，只有二皮頂合適。開始動手前，先將腐皮一張張揭開，再以半濕的紗布，覆蓋在每張腐皮上，經過濕潤後，將腐皮四周的邊撕去，放進碗內，倒上醬油、糖、煉熱的花生油調勻，接著把浸在調料滷中的腐皮邊挾起，腐皮則鋪平，邊蘸邊塗，等腐皮蘸滿調滷後，再疊放一張於其上再塗，要塗個六、七張，隨即將腐皮的邊，置於塗好滷的腐皮上，捲成一條當作心，最後把這疊腐皮，捲成二寸寬的扁捲，先放在蒸籠中，蒸一刻鐘左右取出備用。

鐵鍋放紅糖，將腐皮卷置低淺的籠屜中，置於紅糖上燻，火候至為緊要，過火易有焦味。俟其完全冷卻後，橫切成條狀即成。此一佐膳妙品，清腴馨香適中，而且老少咸宜，我一嘗即讚歎，其滋味之佳美，一直縈繞腦海。

當然啦！燻的程序繁瑣，市面上的作法，通常用炸或煎，口感略帶鬆脆，別有一番滋味，例如袁枚在《隨園食單・雜素單》的作法，就是用油煎，而且有包餡，其法為：「煮爛山藥，切寸為段，腐皮包入，油煎之，加秋油（即好醬油）、酒、糖、瓜、薑，以色紅為度。」

我目前常吃「馮記上海小館」及「榮榮園餐廳」的「素鵝」，其餡或香菇丁，或紅蘿蔔丁等素料，腐皮四、五張，色金黃舒張，味鮮甜香軟，用此來佐酒，亦適口充腸。此菜若不煎、炸，也可用醬油滷，約燒個十分鐘，號稱「滷素燒鵝」，味近於「許家菜」的涼盤，唯口感不及其紮實。畢竟，如要滋味佳，工序不能省，且須慢烹調。

豬年品享素火腿

江南上好的筍乾，美其名為「素火腿」，用此製作的餚饌，至今仍廣受歡迎。但它只是個食材，講究品質和滋味上，足以媲美真火腿。此外，花生和豆乾同食，嘗得出火腿滋味，這可是大才子金聖歎的心得，欲體會其中奧妙，在年節這段期間，儘可以從容試驗。在非洲豬瘟陰影下，人們每聞豬色變，籠罩著如此氛圍，欲能豬（諸）事皆大吉，品享江蘇武進的名菜「素火腿」，或許是不錯的選擇，非但吃來無身體上的負擔，而且在心理上也將泰然自若。

這一道「素火腿」，須純用豆腐皮製作，如攙雜了百頁，味道就差了。早在百餘年前，武進各大僧寺尼庵，所製作尤鮮美，當地素菜館所製者，風味反有不及，據近人伍稼青《武進食單》上的記載：「其作法：先將整張腐皮剪去硬邊，塗上醬油、麻油、糖調好之佐料，再鋪第二張，再塗再加，至七、八張時，捲成圓筒形，用紗布包紮好，與另一條用繩子縛起，放入蒸籠內，蒸七、八分鐘取出，解去繩子紗布，便成兩個半圓形，切片供食，名曰『素火腿』。」

我的故鄉離武進不遠，每逢年節時，家中亦製作，通常當成冷盤，其咬勁和鹹鮮，迄今仍難忘懷，只是自祖母、姑母、家母相繼仙逝後，已許久未嘗此味矣。

另一款「素火腿」，其在製作上，可複雜多了。時值民國初年，常州「義隆素菜館」的名廚王洪生，改進原本作法，由於頗具特色，遂流傳於各地，製作方式雷同，已成著名素饌之一，凡品嘗過者，無不誇其味美。

其製作要領為：炒鍋放一千克清水，加醬油、白糖各三百克及精鹽、五香粉（用八角、小茴香、丁香、桂皮、花椒，經炒過再研磨成粉狀）、紅麴米等，合裝成小袋，先置火上燒沸，改用中火續熬，將近一刻鐘後，加水和芡粉，勾兌成滷汁，用麻油和勻，鍋離火待用。接著以三千克腐衣（即豆腐皮），分六次入滷汁鍋中，待浸漬均勻後，取出擠去滷汁，然後逐個鋪平疊齊，按二百克一份，共切卷成二十份，再分別捲緊成圓筒形（名之為火腿胚，長約十六公分，直徑五公分）。接下來選三十三公分的十塊紗布，把兩條火腿胚紮成十卷，再以細繩紮牢，一起入蒸籠，蒸約一小時，取出稍涼後，去繩和布包，便有二十條半圓長條形的素火腿，分別塗抹麻油即成。

此菜的特點為：色深紅、質柔韌、味鹹鮮，與真火腿比起來，形似而別有風味。我曾在江蘇的江陰和鎮江兩地，品過如此之素火腿，佐飲黃酒，妙不可言。

家父曾經提起，家鄉的豆腐店，每日下午，則把多餘豆汁（即豆漿）製成厚百頁，挽結，煮一沸取出，浸木桶中出售，稱之為「素肝腸」，非常細嫩適口。將它切片後，以上好醬油、麻油拌之，用來佐「泡飯」，清爽至極，足以消積去膩。每當過年時，另取雪裡蕻共炒，青白相間，脆嫩兼具，佐粥下飯，堪稱一流。

嘗罷滋味鮮美的「素火腿」和「素肝腸」後，精神將為之一振，在這一年內，必諸事大吉，再大展鴻圖。

霉臭千張逗味蕾

曾讀孟瑤撰寫的〈豆腐閒話〉，裡面提到：「回憶，常常是很美麗的，我出生漢口……但故鄉事，也依稀記得，有兩樣美味，似乎在別的地方沒有吃到過，一是臭千張，一是臭麵筋。臭千張是豆類的加工品，所以由豆腐擔子上叫賣，買時上面還有一層白毛（霉菌）；吃時多半用油炸得焦黃，真所謂異香撲鼻。就著乾爽的蒸飯（故鄉吃用木甑所蒸的飯），實在可口。」

霉千張臭氣四溢，別看它氣味不佳，其貌不揚，同死耗子沒有兩樣，卻教人百吃不厭。享譽中國的霉千張，又稱毛千張，臭皮子，既是黃岡地區紅安的名產，亦是湖北江漢平原馳名遐邇的傳統豆製品之一。它在製作時，是用製好的千張筒，在一定的溫度條件下，使白毛霉發酵而成。且此豆製食品，不受季節時令限制，一年四季均能生產，風味獨特，每令逐臭之士，一思及即垂涎。

據說在清代時，霉千張曾列為朝廷貢品，歷來深受人們青睞與厚愛。尤其是在紅安，乃招待諸親友們，必不可少的佳餚。前中共中央領導人董必武，生前特嗜此物，只要一到湖北，每餐進膳時，總少不了它，痛食才甘心。

西元一九五八年，董衣錦還鄉。當時，該縣國營飲食服務公司的豆製廠，以製作霉千張而名播遠近。董必武知之甚詳，點名廠內師傅耿明祥，親自製作霉千張，即使連吃幾頓，仍覺意猶未盡，還帶走五十筒，回到北京享用。

兩年之後，董老再次來到湖北，視察古澤雲夢縣。用餐之時，地方幹部為了巴結，特地安排名廚宋宏文，為他烹製幾道霉千張佳餚。董必武品食之際，脾胃大開，心情大好，召來了大廚師，不吝給予好評。

製作霉千張，需經過製酸漿、浸泡及霉製這三道操作工序。其成品的外形，會長出雪白細毫，酷似兔毛，又像海綿。而在烹製前，須先用清水，洗去其白毫，接著切成蛋捲形薄片，經油炸之後，搭配蔥、蒜，或用韭菜及紅辣椒等續烹。成菜色澤金黃，形美光潤，皮脆質嫩，鮮香爽口，頗能誘人食欲，食罷餘味深長。

我有一個食友，原籍川西一帶，說過此霉千張，就是他家鄉的臭豆腐簾子。每當農忙過後，當地一些婦女，為了增加收入，其最大的副業，除了打草鞋外，就是做「臭豆腐簾子」了。而且這門生意，不獨本小利厚，同時銷路甚廣；而且所需用具，都是些現成的，只要黃豆就行。

特製好的豆皮，放在案桌上，全家婦女總動員，先把它捲成筒狀，再照一定尺寸切斷。做得多的，擺在曬簞裡頭；做得少的，篩子就可以了。直到初步完成，其上覆蓋一層稻草，端到四面通風之陰涼地，由它長霉即成。

其燒法亦容易。先切成小段，等鍋紅油熱，再煎兩面黃，加少許清水，佐以醬油、辣豆瓣、蒜苗等料，蓋上鍋蓋後，用微火略燜，幾分鐘即成。

他講得眉飛色舞，我就是沒有吃過，但覺味蕾被挑逗，心緒已隨之而動，好想能一膏饞吻。

馨香嫩美燒齋菜

先曾祖父鏡湖公，早在清同治年間，當過揚州府訓導，雖只是個窮學官，但攜一名廚隨任。該廚師姓花，現忘其名字，手藝極精，刀火功高，已臻化境。當時揚州鹽商，時有酬酢往來，招致名廚獻藝，大家輪流作東，稱之為「公館菜」。花廚經常受邀，每獲得滿堂彩，鹽商出手大方，因而收入頗豐。其事蹟有意思，先父生前講過，張恨水的小說，曾經風靡全國，其浩瀚著作中，裡頭有一本，專記載此事，可惜忘其名，我找尋未獲。

根據先父的回憶，上世紀三〇年代，每在先曾祖忌日，花廚必出現家中，親炙些可口菜餚。他跑去廚房觀看，見花廚指揮廚役，調羹湯絕不試味，數十道叱咄立辦，每令他嘖嘖稱奇。當中有一道齋菜，怎麼吃也不厭倦，便央求我的奶奶，無論如何，都要習得此饌。供他經常受用。祖母疼愛么兒，這道菜遂得以傳承，而且青出於藍。自傳授給我娘後，再透過其慧心巧手，能隨著時令變化，成為她的招牌菜，吃過的無不叫好，只要逢年過節，或者祭祖掃墓，均常見其芳蹤。我和先父一樣，特別愛吃此菜，只要下了筷子，鐵定奮不顧身，吃到盤底朝天。

這道菜的要角，就是有「素魚肚」之稱的豆腐皮。它正稱為百頁，又名千張、百葉、腐皮、皮子、豆片、豆腐片等。其製作之過程，是以豆腐腦（花）用布摺疊壓製而成。成品雖為半乾狀，但含水分的指標，不得超過四分之三。以薄而勻，質地細膩，柔軟略帶咬勁，呈淡黃色，現出光澤，味道純正，久煮不碎者為上品。

製作百頁要領，可以切成細絲，或燙煮後拌食，或配炒雪裡蕻、菠菜、韭菜，配燒茭白筍、青菜、白菜等。就目前大台北地區的餐館而言，位於永和的「三分俗氣」，其「雪菜百頁」，確為佳品，耐人尋味。而台北市的「浙寧榮榮園餐廳」，擅燒「菠菜百頁」及「茭白筍百頁」，盡物之性，爽嫩甘鮮，對我胃口，百吃不厭。

此外，運用百頁可包捲特性，常用於製作素雞、素火腿、素香腸、素鵝等。它多用於家常菜或當作小吃，素雞眾所周知，每用作一般筵席的涼菜或燴菜的材料。

《食在宮廷》一書，於一九六一年時，以日文在日本出版，其作者為愛新覺羅・浩，乃末代皇帝溥儀的弟媳婦，融實用性、可讀性和文獻性於一爐，有極高的實用價值與收藏價值，值得借鑑取法。其中的「溜腐皮」一味，開宗明義便說：「此菜係寺院菜，……又名『素魚肚』。在宮中齋戒時食用，其製法來自江南寺院。」

燒製此菜的主料，當然是百頁，輔以口蘑、筍片，用黃豆芽湯、醬油、白糖、素油、酒等提味。最宜趁熱食用。但民間比起宮廷來，添加許多食材，格外清雋適口，吾家即為其一。

媽媽的「燒齋菜」，除口蘑換成花菇外，另加毛豆、金針、黑木耳，使成五彩繽紛，如為時令需求，毛豆可改成蠶豆，筍則用綠竹筍、冬筍、茭白筍交替使用，非但熱食極佳，冷吃亦甚可口，其奧妙及轉折，令我心領神會，歆慕難以自己。

飯後一品精神爽——點心飲品

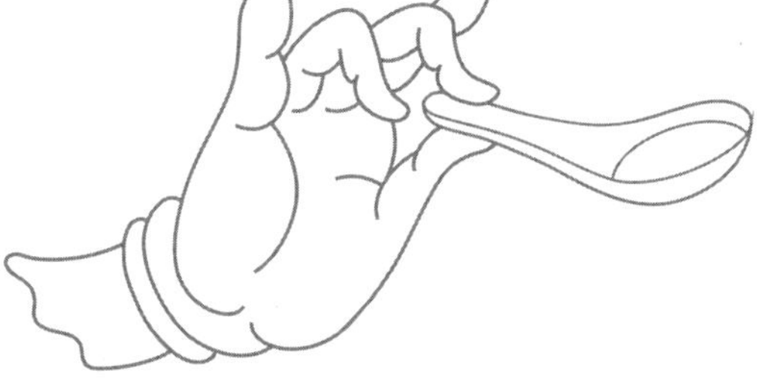

土法鍊鋼爆米香

在台灣傳統的叫賣小食中，我獨鍾爆米香、豆花及麥芽糖。三者皆有特色，行銷手法不同，亦有特殊聲效，可以傳達遠近，實在令人著迷。由於上世紀六〇年代時，長期住在鄉間，物質享受方面，比起大城市來，更是相形匱乏，只要有零嘴吃，就是個小確幸。這三樣甜點裡，爆米香較少見，一次得買整包，可放著慢慢吃，而且製作當兒，充滿了畫面感，同時此一方式，竟然持續至今，也算食林一奇。是以每回見到，總想買個一袋，既發思「古」幽情，也能回憶兒時，那種快樂辰光，早就金不換啦！

其實，爆米香在這半世紀以來，外觀雖然變化不大，但已是改良的精進版。早年的業者，通常為兩人，都是夫妻檔，踩著腳踏車，滿載著器具，到處幹活兒。先相準地點，再卸下器具，接著擺陣仗，先一面打鑼，緊接著高喊：「爆（台語叫迸）米香喔！爆米香。」經此一番攪弄，全村便沸騰起來，開始「米香」總動員。

待圍成一大圈，業者立刻施為，將適量的大米，傾入加熱器中，鼓動風箱生火，並不停地轉動，約一刻鐘左右，突聞哨音響起，提醒老少注意，免被巨響嚇到。當大家走避時，助手已備好鐵絲網袋子，緊套著加熱器，他則開啟活塞，絲毫沒有耽擱。隨後一聲巨響，煙霧瀰漫左右，米香飄散空中。大家見此狀態，神情一陣輕鬆，甚至綻放笑容。

過了沒好久，漲發的米粒，已全部落袋。於是把它們倒在鋁製圓形的大盆內，添入糖水、麥芽膏等調味料攪和拌勻，最後才放在長方形的淺木框中，以木質滾筒壓平，切成塊狀即成。物美而廉，大受歡迎。

只是而今時空已變，業者改用小貨車，而且花樣翻新，機器由人工手搖改成小馬達帶動，不僅省時，響聲亦小。純就口味而言，除原先的大米、糯米外，今更有花生、豌豆、黃豆、玉米、小麥等，選擇性雖多，但包裝依舊，顯不出新穎，致食者日減，真的很可惜，有改善空間。

以往爆過的米香，絕不是祭五臟廟，而是用來卜流年。於是古籍上指出，糯穀爆花曰「孛婁」，此即「卜流」的諧音，其歷史頗久遠，早在南宋即有。到了清代中葉，占卜用途不再，隨著時代推移，早就純供食用，卻是不爭事實。

此一特殊小食，收在飲食巨著《調鼎集》中，管它叫「炒空心米」，乃用鑊（大鍋）以沙為導熱體炒製而成。並謂它為老少所喜食之物，且是民間新年時必食的傳統食品，且具有益心脾、補臟腑、助消化的食療效果，如能經常食用，甚益人體健康。

看來爆米香味道佳，補益強；面對此一尤物，應該多多益善，豈容輕易放過？

止咳化痰療妒湯

《紅樓夢》第八十回，「美香菱屈受貪夫棒，王道士胡謅療妒方」，內容相當有趣。話說賈寶玉病癒後，到天齊廟燒香「還願」，當家的王道士作陪。這王道士擅熬膏藥，人又很會開玩笑，有諢號叫「王一貼」。寶玉問道：「我問你，可有貼女人的妒病方子沒有？」王一貼道：「貼妒的膏藥沒聽過，倒有一種湯藥或者可醫，只是慢些兒，不能立竿見影的效驗。」寶玉道：「什麼湯藥，怎麼吃法？」

王一貼接著說：「這叫作『療妒湯』：用極好的秋梨一個，二錢冰糖，一錢陳皮，水三碗（同煮），梨熟為度。每日清晨吃這一個梨，吃來吃去就好了。」他又解釋道：「這三味都是潤肺開胃不傷人的，甜絲絲的，又止咳嗽又好吃。吃過一百歲，人橫豎是要死的，死了還妒什麼？」說得寶玉、茗煙都大笑起來了。

中國文學名家、也是美食大行家的端木良蕻，曾從《紅樓夢》美食，進一步研究《紅樓夢》食療，指出曹雪芹本人，是懂得食療的，藉著小說人物，解釋食療之道。而這個「療妒湯」，便是其中之一，值得深入探討。

梨有多種，中國產者，以天津鴨梨、山東萊陽梨及白色雪梨三種，最富津液。天津鴨梨古名鵝梨，其近蒂處，形如鵝鴨，故有此名。色黃皮薄，氣香肉脆，汁多而甜，食之少滓，名聞東亞。山東萊陽之梨，肉質柔軟，充滿漿液，較天津梨尤多，但其香氣不及。雪梨色白如雪，肉細汁多，味甜如蜜，皆梨之上品。更有一種小型梅梨，味略帶酸，肉質酥軟，亦甚可口，產於江浙。王道士之「療妒湯」，用的應是此梨。

此外，日、韓及台灣所產之梨，如二十世紀梨、上將梨等，雖不及中國之梨，但食味亦甚佳，可以製作此湯。

梨性甘寒，能生津止渴，乃天然甘露。《本草綱目》指出：它能「潤肺涼心，消痰降火，解瘡毒酒毒。」又，傷風感冒之後，常會痰咳不癒，此時可用川貝二錢，桔梗二錢，杏仁五錢，胖大海一錢，與梨一只同煮，服之可止。此為民間驗方，頗有參考價值。然而，平素體質虛寒或脾胃虛弱者，就不宜多吃梨。因其「性寒」，食後會增加「內寒」，反而不利健康。

所謂冰糖，是以赤砂糖熬煉而成的再生物，比較名貴。其性甘平。據《隨息居飲食譜》的說法，它具有「潤肺和中，緩肝生液，化痰止咳，解渴析酲」的作用。

至於陳皮，即是橙皮。其性甘辛，能化痰消食。味道甚香，愈陳愈佳。切細可入烹調，以辟魚肉腥臭，廣東所產尤多，故粵菜常用來調味。另，藥用之廣皮，乃橙皮之一，具美容生津之功。

在古代的社會，以大男人心態，認為女人善妒。其實，此乃人性，非關男女。所謂療妒云云，不可專指女性。然而，平日常飲此湯，大抵有益無害。我曾在「煉珍堂」所推出的「紅樓夢宴」中，數度品嘗其「療妒湯」，皆清鮮馨逸，微甘味美，食罷津津，好生難忘。

止渴生津酸梅湯

望梅可以止渴。一旦口渴難擋，且逢炎日酷暑，首先會想起的，必然是酸溜溜、甜蜜蜜且涼冰冰的酸梅湯。

此一夏令飲料及解渴妙品，它的歷史悠久，可追溯到周朝，當時已具雛形。依《禮記・內則》之記載：「漿水醷濫。」根據鄭玄注釋，這個名「醷」的漿，即是一種梅漿。而這一以梅做成的飲料，主要供天子和貴族們飲用。

南宋之時，梅汁已出現市面上。例如《武林舊事》中，記杭州的「諸市」裡，已賣一種涼水，稱之為「滷梅水」，此近於目前的酸梅湯了。到了元代，正式出現「白梅湯」，見於太醫忽思慧的《飲膳正要》一書，認為它可以「治中熱（即中暑）、五心煩燥、霍亂、嘔吐、乾渴、津液不通」。同時期的《居家必用事類全集》裡，則有「熟梅湯」和「醍醐湯」。前者為用節氣過小滿後、黃熟略苦之梅，所製成的湯飲；後者則用烏梅與蜜為主料，妙在能「止渴生津」。

明代高濂《遵生八箋・飲饌服食箋》收錄的湯品，其種類繁多。與梅有關者，有以黃梅為主料的「黃梅湯」；有以青梅為主料的「青脆梅湯」；還有以烏梅為主料的「醍醐湯」、「梅蘇湯」及「鳳池湯」。另，「鳳池湯」專用梅核製作，或煎成膏，或焙乾為末，設想新奇，出人意表。

元、明的說部內，都提到了「梅湯」，製法應該有別，重點亦不盡同，但男主角則一，全是寫西門慶。

元、明之際成書的《水滸傳》，第二十三回寫西門慶遇潘金蓮後，神魂顛倒，乃央求間壁茶坊的王婆設法。王婆道：「大官人吃個梅湯。」西門慶道：「最好多加些酸。」由此可見，當時的梅湯可以現做，而且其甜、酸味，可以隨意調配的，故王婆做好之後，隨即遞予西門慶。

而《金瓶梅》裡的梅湯，滋味似乎更勝一籌，第二十九回載，西門慶手拿芭蕉扇子，在花園內消夏時，教春梅做一碗蜜煎梅湯，放在冰盤內湃著。過了一會兒，春梅倒了一甌給他。西門慶呷了一口，湃骨之涼，透心沁齒，如甘露灑心一般。這種「蜜煎梅湯」，其滋味與當下的「冰鎮酸梅湯」，基本上已相去不遠了。

酸梅湯到了清代，正式定型定名，在首都北京城，搞出經營特色，不僅處處可見，而且老少咸宜。冰的取得方面，據《京都景物略》記載：「立夏日，啟冰，賜文武大臣，編氓

（指平民百姓）得買賣，手二銅盞疊之，其聲嗑嗑，曰冰盞。」至於那酸梅湯，《曬書堂筆錄》則說：「京師夏月，街頭賣冰。又有兩手銅碗，還令自擊，泠泠有聲，清圓而瀏亮，鬻酸梅湯也。以鐵椎鑿碎冰，攙入其中，謂之冰振（即今所謂鎮）梅湯，兒童尤喜呷之。」

又，徐淩霄的《舊都百話》亦謂：「暑天之冰，以冰梅湯為最流行……舊時京朝大老，貴客雅流，有閒工夫，常要到『琉璃廠』逛逛書鋪，品品古董，考考版本，消磨長晝。天熱口乾，輒以『信遠齋』梅湯為解渴之需。」

清代文士歌詠酸梅湯的，一直不乏其人。我認為雪印軒主《燕都小食品雜詠》最為傳神。其詞云：「梅湯冰鎮味甜酸，涼沁心脾六月寒；揮汗炙天難得此，一聞銅盞熱中寬。」讀罷，不覺津液汩汩自兩頰出矣。

生津卻暑果子乾

早在唐、宋時期，凡是糕餅、點心，以及乾鮮果品，一律稱為「果子」，而今中國北方，仍沿用此名稱，但是知者已少。反而現在日本，將之發揚光大，名之為「和果子」，不僅通行東瀛，即使寶島台灣，亦常現其蹤影。

約兩個世紀前，北平乾果子店，由山西人經營，號稱「山西屋子」，各種乾貨果子，在此莫不備齊。其最出名的乾果有三，分別是杏乾、桃脯、柿餅。柿餅由鮮柿製成，而它在製作之時，將柿子去皮壓扁，放在通風向陽處，日曬風吹到半乾，再放罈子裡壓實，等到已生滿白霜，便把它一一取出，用麻繩穿起來，經過壓緊工序，就成串串柿餅。當時山東曹州所產的柿餅，又叫庚餅。品質之優，馳名華北。北平賣「果子乾」的，無不以此為號召，至於是否為真貨，且確實別有滋味，倒未聽人品評過，在此就闕而弗錄。

以往賣雜貨小販的，都會沿街吆喝，吸引顧客前來。賣「果子乾」的則不然，純粹用銅蓋敲出聲，他的手法特別，以一隻手托著一對小銅碗，用拇指夾起上面的碗，一再向下敲打，發出節奏聲響，據說敲得好的，尚有各種變化，清脆昂揚有致，可惜沒有聽過，不免稍有遺憾。

由於果子乾製作容易，因而這款夏季甜食，北平的水果攤，差不多都有賣。雖只是把杏乾、桃脯、柿餅泡在一起，接著用溫水發開、撕片，就算大功告成啦！但它巧妙處，卻各有不同，調好的汁液，既不能太稀，也不能太稠，以往用冰鎮，現則放冰箱。到吃的時候，據已故食家唐魯孫的說法，「在澆頭上，再切上兩片細白脆嫩的鮮藕，吃到嘴裡甜香爽脆，真是兩腋生風，實在是夏天裡最富詩意的小吃了」。

一代大廚屠熙，年少長於北京，擅製各式點心，像奶酪、山楂糕、豌豆黃、八寶粥等，手到拈來，皆是妙品。當他主持台北市光復南路上的「榮華齋」時，我常去購買京式及蘇式點心，自彼此相熟後，聊起夏季甜食，他對於「果子乾」，似乎情有獨鍾，曾經露個幾手，吃得十分開心。他又說北方有句俗話：「七月紅棗八月梨，九月柿子趕上集。」因此，他製作的果子乾，在拌勻各料後，除原先的藕片外，會另外加新世紀梨的梨片，以及新上市的脆柿片。經過這番改造，才會冷香凝玉，食之沁人心脾。我愛煞此尤物，每回享用完畢，總是齒頰留芳，覺得意猶未盡。

最後一次品嘗屠老爺子的「果子乾」，是在士林一陋巷內，老人家已風燭殘年，守著一個小店，在飲食名家逯耀東夫婦的提調下，與已故食家逯耀東夫婦共進晚餐。席上另有咱家四口，留下不盡回憶。當最後一道的「果子乾」端上桌，小女年方四齡，眼睛為之一亮，一再叉起送口，吮甘漿食蜜肉，洋溢滿足神情。而此時的「果子乾」，又另添加蘋果片，豐富多彩夠爽，微酸吊味，十全十美。

屠熙不久仙逝，幸喜此一絕活，傳授給「全聚德」，該店後來易名，現則叫做「宋廚」，成為筵席後的終結妙品，但得事先預訂，才能如願品享。我在此又嘗數次，每當此點上桌，念及前塵往事，思之頗為傷感。

冰糖葫蘆花樣多

我在讀大學前，住過很多地方，小學讀了三所，高中也是如此，幾乎在中、北部，中部者尤其多，有台中、霧峰、員林、虎尾等，北部則有基隆、宜蘭、台北，像煞吉普賽族。這二十年中，常逛各地夜市，所至之處，都有個一、兩攤，專賣冰糖葫蘆，小時候嘴饞，會望之垂涎，曾吃過不少，現因血糖略高，久不作此想矣！

冰糖葫蘆簡稱糖葫蘆，又叫葫蘆兒，以北京為正宗，天津叫糖墩兒，上海則稱糖山楂。它雖品類繁多，但山楂所做的，最受大眾歡迎。

每年冬至到春分，北京的名店「信遠齋」，便開始賣冰糖葫蘆，它最大的特色，在於別家的山楂，都是一大串，店家卻是用牙籤籤著，每果各自單獨，碩大無疵，而且乾淨，甚為別致。不過，它有兩種做法，倒開風氣之先，一種是將紅果（即山裡紅、山楂）剖開或輕輕按扁，先串成一串，外面薄貼一層黑豆沙，豆沙上再鑲嵌梅花點的瓜子仁，接著再裹糖液，遠遠望去，紅黑白三色相間，中吃好看，格外誘人。另一種是將紅果去核，中夾一塊核桃仁，再裹以糖汁，這樣吃起來，不酸牙，有層次，富口感。

基本上，老北京的冰糖葫蘆分成兩種。一種用麥芽糖，當地話是糖稀，可以做大串山裡紅的，長達五尺多，這種特大號的，新年廠甸賣的最多。另一種用糖和了黏上去，冷了之後，白汪汪的一層霜，別有風味。此種糖葫蘆，薄薄一層霜，透明雪亮。材料種類甚多，諸如海棠、山藥、山藥豆、杏乾、葡萄、橘子、荸薺、核桃等，但以山裡紅最膾炙人口（以上參見梁實秋的《雅舍談吃》）。

究其實，除了又甜又涼，又脆又酸的山楂外，煮熟的山藥豆，山藥，榲桲，桔子，紅果夾豆沙等，亦是常見的食材，各有其追隨及愛好者。

製作山楂糖葫蘆時，先把山楂洗淨，再將裡面果核，以鐵籤子捅乾淨，接著用一尺來長的竹籤，逐個穿起來，每七、八枚穿一串，謂之一根。然後以銅鍋熬白糖或冰糖成糖餳，其側放一塊光滑如鏡的石板，上面塗一層香油（即芝麻油），再把串好的山楂，置熱餳中一蘸，整整齊齊的擺石板上晾涼。此際的糖葫蘆，都被糖衣包著，晶瑩透明耀眼，十分誘人。

台灣夜市裡的冰糖葫蘆，山楂用小粒焦梨替代，或將梨、蘋果、柿子切塊，或聖女小番茄（其內亦有鑲烏梅者）、草莓等，在燈光照耀下，顏色五彩繽紛，望之美不勝收。

曾吃過簡易版的糖葫蘆，將各式水果，小的用整粒，大的則切片，蘸上冰糖汁，置一塊塗了香油的玻璃板上，放進冰箱冷凍，待取出後再食，亦又甜、又涼、又脆，不拘冬天夏日，都可輕易品嘗，真是無比幸福。

從前的冰糖葫蘆，是冬令食品，夏天吃不到，也沒辦法做。《舊京歲時記》在記京師食品時，十月記到冰葫蘆，並云：「甜脆而涼，冬夜食之，頗能去煤炭之氣。」但在寶島台灣，四時皆可品嘗，在夜市逛一逛，每有意外收穫。

我愛食桂花糖藕

這個飯後點心，也可當成零食，風行大江南北，而且老少咸宜，不僅隨處可見，甚至傳入宮廷。其風味究竟如何？且聽散文大家梁實秋怎麼說。

他在〈饞〉這篇文章中，如此寫著：「我小時候，早晨跟我哥哥，步行到大鵓鴿市陶氏學堂上學，校門口有個小吃攤販，切下一片片的東西，放在碟子上，灑上紅糖汁、玫瑰木樨，淡紫色，樣子實在令人饞涎欲滴。走近看，知道是糯米藕，一問價錢，要四個銅板，而我們早點費，每天只有兩個銅板。我們當下決定，餓一天，明天就可以一嘗異味……糯米藕一直在我心中，留下不可磨滅的印象。後來成家立業，想吃糯米藕，不費吹灰之力，餐廳裡有時也有供應，不過淺嘗輒止，不復有當年之饞。」文字並不長，卻有真性情，讀之頗有味。

早在清代時，北京的什剎海等地廣種荷花，其荷花市場的八寶蓮子粥、江米藕（即糯米糖藕）尤負盛名，以「會賢堂飯莊」所製者，公認最為可口，但一般的小販，在出售江米藕時，會身挎個橢圓形木箱，吆喝著「江米—哎藕」，吸引遊客購買。當有人買時，小販便在案板上，將江米藕切成薄片，並放入盤內，灑了些白糖，澆上些桂花滷，食者則拿竹叉子叉著吃，饒有情趣。有詩讚曰：「江米填入藕孔中，所蒸叫賣巷西東，切成片片珠嵌玉，甜爛相宜叟與童。」即是其具體寫照。

著名紅學專家周紹良，是個會過日子的人，他在《餕餘雜記》裡寫道：「逛什剎海吃了蓮子粥後，似乎還不能盡興，又碰著賣江米藕的，不妨再來一碟點綴點綴。江米藕在南方，本是極其平常的東西，一般家庭在早點裡都有它，可是在北京卻成稀罕物兒，尤其在什剎海荷花市場，一些趕景的，總要買一碟來應應景。」

此藕物美而廉，他接著寫說：「這一小碟不過十幾文錢，價錢是極其便宜的。不過，北京人總喜歡這應景地方，慢慢地品嘗著，消磨這長夏永晝，這一小碟可以吃到夕陽落山。」這樣的小確幸，倒也從容自在。

在我的故鄉（江蘇省靖江市），管它叫「糖藕」，小時常看家母製作，略知其詳，其製作之法如下：用肥藕一段或數段，將每段在兩端藕節部位，用刀分切成小段，接著在每小段較肥大之一端，切下一小節，取洗浸過之糯米，灌入其每一藕孔內，再用筷子插入藕孔，把糯米塞滿，並將切下之小藕節，配其上作蓋，以篾絲或牙籤插牢，使米不外漏。然後置釜中，用紅糖加水燒煮，俟其軟爛，加入桂花，切片食之。這是咱家飯後點心，有時是家父飲酒時的清涼配菜，其滋味之佳美，非外館所能比肩。

愛新覺羅・浩撰寫的《食在宮廷》，在「江米糯」一節指出：「此菜宜冰鎮後食用。製作時，一定要將藕孔填滿江米。否則，蒸完切片時，藕片上的江米參差不齊，既不美觀，又不適口。」此乃知味識味之言，絕不可以等閒視之。

果子與熟水齊補

而今台灣各地，尤其在都會區，人們特重養生。早上的第一餐，通常是果菜汁，加上些許乾果，亦兼用葡萄乾，盼能元氣滿滿，展開一日之計。或謂此法是由西方傳來，其實中國古已有之，經推測其年代，應在北宋之時。

當時的「飲食果子」，盛行於通都大邑，名目及花樣均多。或將一般果品加工，製成各式各樣乾果，如旋炒銀杏、乾炒栗子等等，即是最熱門的點心；或做成現今的蜜餞，名「蜜煎香藥果子」，如蜜煎乾柿即是。而這些果子，在大街小巷，或街坊鄰里，率由商販兜售，甚至強行推銷。據《東京夢華錄》的記載：「又有賣藥或果實蘿蔔之類，不問酒客買與不買，散與坐客，然後得錢，謂之『撒暫』。如此處處有之。」當下古風尚存，常見於小飯館，或是夜市餐廳，但所售者不同，多半是口香糖。

其實，宋代飲食花色種類之多，確為歷代所罕見的。從署名孟元老（一稱本名孟揆）的

《東京夢華錄》到周密的《武林舊事》，均載有大量飲食內容。之所以會如此，主要是南、北宋之時，與域外特別是海外，交通十分發達，香料藥物，充斥市面。於是社會風氣，不僅喜好香藥，同時講究食藥，號稱「香山藥海」，由此亦可見其競相奢靡之風。

「藥膳」非自宋代始，卻由其發揚光大，通常最流行的，有「決明湯羹」、「紫蘇魚」等等。而最大的習俗，則是喝「熟水」，到處有得買。據說有行氣理氣、健脾開胃之功效。人們一早起來，往往先喝一碗，藉以疏腸利氣。是以朱彧在《萍洲可談》提及：「今世俗，客至則啜茶，去則啜湯。湯取藥材甘香者屑之。或溫或涼，未有不用甘草者。此俗遍天下。」當時的茶，是指「擂茶」；「湯」則是所謂「熟水」，可見已經成為待客的一般飲料。

不但民間如此，公家機關亦然。依《壽親養老新書》的說法：「翰林院定熟水，以紫蘇為上，沉香次之，麥門冬又次之。（紫）蘇能下胸膈滯氣，功效至大。」然而，元人李鵬飛不以為然。針對濫用「熟水」，提出中肯批評，指出：「世之所用『熟水』，品目甚多，貴如沉香，則燥脾；木骨草則澀氣，蜜香則冷胃，麥門冬則體寒。如此之類，皆有所損。」何況那「紫蘇湯」，「今人朝暮飲之，無益也」。其原因是紫蘇雖能下氣，但「久則洩人真氣，令人不覺」。足見進補是否受益，端視個人體質而定；同時「過猶不及」，不分早晚，長期進食，久而久之，勢必傷身。目下的一些營養液，基本上亦作如是觀。

講句老實話吧！一大早空腹時，就飲杯果菜汁，即使是現打的，應非養生之道，胃寒者更如此。吃些乾果打底，效果或許好些。謹獻芻蕘之見，懇請十方大德，幸而有以教之。

油茶味美難比擬

在所有的油茶中，最有名的，莫過於武陟油茶，其歷史甚為悠久，距今超過三百年，因為食材的關係，又稱為果子油茶。相傳清雍正年間，皇帝為防黃河水患，親臨河南省武陟縣，登堤監工築壩。地方達官顯貴，無不四處奔走，搜羅山珍海錯，希冀皇上垂青。當時的縣令吳世祿，深知皇上節儉，為了投其所好，精製一款湯食，此即油茶之始。雍正飲罷大悅，重賞了吳世祿。此事一經渲染，油茶聲價陡昂，現已成洛陽迎賓館「地方早茶」的高級湯食。

另一說是雍正繼位後，曾去武陟巡視河防，縣令吳世祿抓住機會，努力巴結，款待剛登基的「萬歲」，苦心備辦食品，有位廚子製畢，縣令獻上油茶，皇帝稱讚不置，下令予以重賞。此說截至目前為止，和前一說有相近處。但接下來的是，吳大人別有圖謀，選在武陟縣城的西大街，開起了油茶作坊，並令其夫人掌管經營，精益求精。除每年進貢外，還利用此一金字招牌，廣為招徠，發了一筆橫財，而今食者如堵，甚至是遠在西歐的中國餐館，也打著「中國油茶」之名義，招攬四方擁至的食客。

基本上，這款武陟小吃，為早點、宵夜的流質食品，以香油炒麵粉，加多種配料與調味料製成。質地稠濃，香氣馥郁，入口滑順，餘味不盡，頗具特色。

在製作時，先將芝麻仁炒成黃色；去皮的油炸花生米及胡桃仁分別擀碎；接著八角、花椒、丁香、草果、肉桂、陳皮、良薑和小茴香均磨成細粉，再把乾麵粉或玉米粉上籠蒸透，晾涼後撥散，且用籮篩過，並用香油炒成淺黃色，放入擀碎的芝麻仁、花生米以及香料粉、鹽，最後與炒麵粉拌勻即成。

而在品嘗時，食用方式有二，分別是開水沖食及煮食。

前者是油茶鋪的經營方式。將油茶麵先以少量溫水攪拌成麵糊，再用滾水沖入，邊沖邊攪動，直到成稀糊狀，即可食用，現吃現沖，香氣撲鼻。

後者則是用清水把油茶麵澥成稠糊，下入沸水鍋內，再攪成稀糊狀，待其煮沸之後，即盛入外邊有保暖設備（特製棉被）的油茶壺中，食時從壺嘴倒入碗內即可。這乃走街串巷背著油茶壺叫賣者的經營方式，後來凡擺攤、設點者，多以此法經營，天寒地凍時節，縮頸而啜油茶，一樂也。

油茶麵日後加以改良，逐個包裝成袋，作為方便食品，遠銷至東南亞一帶，頗受華僑們的歡迎。

而今科技進步，包裝上更講究，竟做成隨身包，方便隨身攜帶，開水一沖即飲，除早點、宵夜外，當成是下午茶，也是得其所哉！

金秋菱角味絕美

猶記得小時候，常聽到〈採紅菱〉，開頭的第一句，至今朗朗上口，「我們倆划著船兒，採紅菱呀！採紅菱」，歌詞親切動聽，卻一直很納悶。菱角分明紫黑色，哪來的紅菱呢？直到數年前，在陽澄湖畔，才見到紅菱，色鮮紅可愛，剝了送口吃，脆中帶清甘，味道挺不錯，難怪舊時南京的宴席中，一到金秋時節，幾個散果（即看果）盛盤，其中必不可少的，就是新鮮紅菱。

菱角盛產江南，但北京亦有出產。如明末蔣一葵《長安客話》記載西湖（即昆明湖）的情況道：「萬曆十六年（一五八八年）……近為南人興水田之利，盡決諸洼，築堤列塍，為為畬，菱、芡、蓮、菰，靡不畢備，竹籬傍水，家鶩睡波，宛然江南風氣。」清末富察敦崇《燕京歲時記》又道：「七月中旬，則菱、芡已登，沿街吆賣曰：『老雞頭，才上河。』蓋皆御河中物也。」可見北京的水面上，確實產菱應市。

菱的種類很多，就北京而言，即有三角、四角、二角，或大或小，顏色有綠，有紅，有綠中帶紅，還有咖啡色的老菱。但以「小紅最佳」（見汪啟淑《水曹清暇錄》），只不知和我所嘗的，是不是同一品種？

紅菱鮮嫩時，其味極甘美，可當成水果吃。老菱帶殼煮熟，質糯清香微甜，號稱「水栗」。另，老菱磨碎後，可製成菱粉，質細潔爽滑，乃芡粉上品。用來勾芡，光澤照人，明亮可鑒，其味甚美。在素菜館中，製作「素鴿蛋」，如不用菱粉，效果差很多。

蘇州東郊一帶，菱常與藕間作。故其民謠唱道：「桃花紅來楊柳青，清水塘裡栽紅菱。姐栽紅菱郎栽藕，紅菱牽到藕絲根。」兩者皆可生食，亦能入饌，且製芡粉，一起栽作，同時收成，倒也相得益彰。

基本上，此一菱角，古人稱為芰，如依其形狀顏色，品種有元寶菱、和尚菱、懶婆菱、白菱、水紅菱、烏菱等。如果以其入饌，在燒素菜方面，江蘇常州的吃法有二，均載於《武進食單》中，其一為「菱炒菜心」，其二為「菱肉燒豆腐」。前者「用菱肉（先煮熟）炒大白菜心，亦素菜中之較為特致者」；後者則「購鮮嫩菱角，去殼，用老豆腐入沸油中略煎，然後和入菱角，加醬油少許，鹽、糖、蔥白同煮至菱角熟爛即可。」閣下若吃全素，不加蔥白也行。

以上為家常菜，但有高檔作法，此即袁枚在《隨園食單》所記載的「煨鮮菱」，文云：「煨鮮菱，以雞湯（改用素高湯亦佳）滾之。上時將湯撤去一半。池中現起者才鮮，浮水面者才嫩。加新栗、白果煨爛尤佳。或用糖亦可。作點心亦可。」吃法多端，頗耐尋味。

而以菱角製作的甜菜，我吃過蜜汁及拔絲兩種。用蜜汁為之者，色澤黃明而亮，甚能誘我饞涎；以拔絲製成者，銀絲錯落有致，妙在趣味橫生。都能得我歡心，可惜皆吃一回，至今仍再三回味。

金風送爽桂花栗

秋老虎連續發威，甚盼「天涼好個秋」，品嘗心儀的桂花栗。這個絕妙的組合，結合了一花一果，竟造就無上美味，而且能變化萬千，算得上食林一奇。

它本是時令佳饌，當中秋月明之際，桂花陣陣飄香，栗子結實飽滿，兩者得自意外，且成千古名菜，自然而然當中，引出一段佳話。

相傳唐天寶年間，有一個中秋明月夜，杭州靈隱寺火頭僧德明，正輪值燒栗粥，供合寺僧眾消夜。巧逢秋風一起，無數桂花飄落，大家吃過粥後，都誇清香撲鼻，味道更勝於昔。德明十分好奇，在幾番探究後，終於解開謎底。從此之後，加桂花的鮮栗粥，遂成為該寺名點，專供往來賓客食用，大受人們歡迎。

此粥再經廚師改良，加入西湖藕粉，並將粥改為羹，於是桂花芳香、鮮栗爽糯以及羹汁濃醇，全部融為一體。滋味清甘適口，比原先的更好，因而流行江南。目前江蘇常熟虞山的「桂花栗子羹」尤知名。它在製作上，以常熟的桂花栗子，重糖煮酥，藕粉勾芡，添些桂花，煮成即食。而在品嘗之時，栗酥嫩而不化，湯味厚且不濁，具濃郁的桂香，於甜美之外，帶鮮潔之味，有獨特之妙，令眾口交譽。

這道甜品所用的桂花栗，出產於風景秀麗的虞山，據《常熟指南》的記載：「頂山之栗，質而香囊，自古著名。其嫩時剝而食之，猶帶有桂花香也。」

至於此栗子何以帶有桂花香？共有兩種說法，其一是麗質天生，本身即有桂花香味，以致滿口桂香；其二為虞山的興福寺一帶，慣把栗樹和桂樹混栽，每屆中秋時節，桂花盛開，濃香撲鼻；此際栗子亦成熟，在採收時節，一樹桂花香，一樹栗子黃，能相輔相成，且相得益彰。於是有人表示說：「桂香催熟了栗子，也沁進了栗子肉內。」不過，這款獨特而味美的桂花栗子，既能生吃，亦可熟食。生食香甜脆嫩，而煮熟了再吃，則呈甜糯細膩，各有其美妙之處。

話說回來，杭州西湖的桂花，一直都是名產，早年煙霞嶺下翁家山所產者，尤為遠近知名。其中的滿家弄一地，不但桂花特別地香，而且桂花盛放，正值栗子成熟，桂花煮栗子這道小點心，因而成了路邊小店的無上佳品。浪漫詩人徐志摩嗜食此味，曾告訴散文大家梁實秋道：「每值秋後必去訪桂，吃一碗煮栗子，認為是一大享受。有一年去了，桂花被雨摧殘淨盡，便有感而發，寫了一首詩，名〈這年頭活著不易〉。」這寥寥數語，挺有意思的，耐人尋味啊！

總之，區區個桂花栗，惹來無數題材，引發不盡遐思，且說句實在話，全為味外之味，愈探愈有味兒，而且餘味不盡。人生也唯有如此，才過得有滋有味，不但提升精神層次，同時足以適口愜意，於滿腹騁懷之外，並瀟灑地走一回。

夏享冰碗樂融融

炎炎夏日，胃口全無，如果有個冰碗，享用各種時鮮，再加乾果助陣，確能頓消暑燄，脾胃隨之而開。

據已故食家唐魯孫的回憶，老北京西北城的什剎海，「長夏將臨，芳藻吐秀，商販雲集，立刻闢為荷花市場」，其後海附近，有個飯莊子，名叫「會仙堂」，「高閣廣樓，風窗露檻。晚清末年，名公鉅卿在此，時有文酒之會」。到了民國初年，因為僻處城外，僅夏日臨荷市，熱鬧一陣子外，到了西風催雪，那就遊客稀疏，聊為點綴而已。

「會仙堂」地近荷田，到了仲夏之時，隨時可採菱、藕，新鮮生動耀眼，故其所製冰碗，特別突出精彩。內容物極多，有鮮蓮雪藕、菱角、芡實、核桃、杏仁、榛瓤，外加剝去皮核紅杏水蜜桃，「白華赤實，冽香激齒」，足遣長日，當地人亦名「河鮮兒」，為下酒的雋品，尤其是竹葉青。而今風雅不再，令我感慨萬千。

記得在年幼時，家中初有冰箱，有次暑熱難熬，家父突發奇想，將冷藏的各種罐頭，如去殼荔枝、鳳梨、杏桃切片、櫻桃等，以及冰鎮的切丁西瓜、綠葡萄等，同納於一玻璃碗內，五彩繽紛，望之玲瓏，坐在榻榻米上（當時住家為日式建築的宿舍），吃得滿懷歡暢，難忘此一冰緣。

到了二十世紀七、八〇年代，在吃完宴席後，例供一大冰碗，內容和家裡吃的差不多，但多了杏仁腦、洋香瓜、紫葡萄、香蕉及冰塊等，雖然更為豐富，但是照本宣科，這種例行冰碗，沒有多大意思，吃來不挺來勁。

就在二十餘年前，嘗到已故大廚屠熙製作的「哈密瓜盅」，屠為回民，長於北京，手藝之佳，難望項背。這個出自新疆的冷拼甜菜，又名花籃藏寶。由於台灣沒有新疆特產的墨綠皮西瓜，乃用黑美人西瓜替代。其特點為：花籃造型挺美觀，乾香酸甜融為一體，作為宴會菜餚，一次能嘗盡新疆的乾鮮瓜果，不論在視覺及味覺上，均有美的感受。

它在製作上，以黑美人西瓜為主體，雕刻（鏤空）圖案充外殼，內放去瓤的哈密瓜作瓜盅，盛入哈密瓜丁、西瓜丁、去核葡萄、石榴籽、櫻桃粒、蘋果丁、香梨丁等製成的冰鎮蜜汁，置於大圓盤上，四周再置綠葡萄乾、哈密瓜脯、核桃仁、杏乾、開心果（巴旦木仁）、無花果乾等，堆擺成豔麗圖案，並用刻花菜葉點綴，最後用哈密瓜皮製成提把，置於西瓜皮刻成的底座即成。

而我在享用之際，佐飲高山烏龍茶。先進果羹兩小碗，接著品各種果乾，再以茶湯入口，一次而嘗三至味，流連忘返於其間，真是南面王不易也。

近日看電視報導，有一製冰品業者，竟然在實驗後，推出四款冰碗，其主體為水果，分別是哈蜜瓜、芒果、鳳梨及火龍果。均將它冰鎮過，去其頂蓋部分，挖出其內果肉，打汁再行凍透，直接放入果內，另以些許果肉，置於果頂周遭，或加球冰淇淋，或先加塊餅乾，再添些鮮奶油，純以原貌呈現，造型極為美觀，值此炎炎夏日，見了食指大動，暑氛大為消減，好像冰涼境界。

冰碗從古至今，一再出人意表，花樣不斷翻新，讓人樂此不疲。

消夏逸品紫蘇梅

當下最流行的飲品，莫過於喝杯咖啡，以致咖啡店林立，就連便利商店，也來湊上一腳，以咖啡為號召。然而，在三、四十年前，最盛行的去處，反而是茶藝館，其備有的細點中，我特別愛紫蘇梅，一次吃它兩、三個，爽得自家君莫管。

顧名思義，紫蘇梅是由紫蘇葉及青梅二者醃製而成的。紫蘇為一年生草本植物，野生，亦多種於園圃。莖高三尺許，方形，具外逆之稀毛；葉作卵圓形，或廣橢圓形，末端帶尖，長二寸左右，邊緣有鋸齒，葉面紫紅色多皺襞，有柄，皆對生，通體散發一種芳香。凡八、九月時，莖端及葉腋，皆生出三、四寸長之穗，開白色或淡紫色之唇形花，小花綴為總狀花序，萼五裂，果實細如芥子，亦有芳香味。其葉、莖和子，全可供藥用。在日本料理中，常運用紫蘇的葉、花及穗，既可充裝飾用，而且皆能生食。

另，紫蘇葉為發汗、鎮咳之良品，性健胃，能解熱，亦利尿，辛味較重，善於發散。故古人謂蘇者，乃舒也。尤其特別的是，它具防腐殺菌作用。細菌遇之，能限制其活動繁殖，在治療傳染病時，每與薄荷合用，除發汗以解肌表之熱外，其制菌滅菌之功，效果顯著。

清代名醫王孟英早見及此，在其曠世鉅著《隨息居飲食譜》中，寫道：「（紫蘇）辛甘溫，下氣安胎，活血定痛，和中開胃，止嗽消痰，化食，散風寒。治霍亂、腳氣，制一切魚肉蝦蟹毒。氣弱多汗，脾虛易瀉者，忌食。」至於青梅，他則指出：「酸溫，生時宜蘸鹽食，溫膽生津……多食損齒，生痰助熱……亦可蜜漬糖收法製，以充方物。」而將梅與紫蘇合為一體，首見於明人高濂《遵生八箋・飲饌服食箋》中的「梅蘇湯」，云：「烏梅一斤半，炒鹽四兩，甘草二兩，紫蘇葉十兩，檀香半兩，炒麵（即麵茶）十二兩，勻和點服。」所用的不是青梅，而是半黃後經煙燻的烏梅，因藥用方面，以烏梅為良。

紫蘇梅為苗栗縣公館鄉的特產，與紅棗齊名。由於台灣所產的紫蘇，只是零星栽培，且集中於公館鄉，早年的中藥鋪，常以其葉入藥，而主要的功用，一般人對其甚為陌生，以銷日本為主，賺取一些利潤。有人突發奇想，認為紫蘇葉和青梅二者，同屬鹼性食品，有助於人體保持微鹼性，進而維持身體健康，於是將性質類似，但形狀有別之食材，湊合在一起，變成「紫蘇梅」，並成為一特產。

公館鄉不產梅，便由鄰近的大湖、東勢運至。青梅的產季在暮春，紫蘇葉收成於盛夏。透過公館鄉農會的醃漬池，先將青梅醃兩、三個月，再把紫蘇葉醃上三、四週，接著封罐銷售，可供應一整年。成品經此淬煉，提高附高價值，絕對是好點子。

紫紅色的紫蘇梅，自然的調色調味，無色素及香料等，入口酸中帶勁，且能消脹去積，大受食客歡迎，有人別出心裁，將它去核後，夾入饅頭中，食之有異趣。而食剩的殘汁，以冷開水稀釋，當酸梅滷汁喝，自然多飲益善。

臭草綠豆沙一絕

上世紀一、二〇年代，正是廣州飲食鼎盛之時，號稱「食在廣州」。當時引領風騷的，乃江孔殷的「太史第」。江極精飲饌，為末代進士，曾點過翰林，人稱「江太史」，其所居之處，即是「太史第」，以筵席著稱。除聘大廚外，亦有一廚娘，早年專門製作點心，其後則燒製素席，有口皆碑，她名喚「六婆」，有高超手藝。

據江孔殷孫女江獻珠的回憶，六婆製作的點心類，起先有「齋紮蹄」、「齋鴨腎」和「甘草豆」等口果，後來擴而充之，像「大豆芽豬紅粥」、「綠豆芽炒齋粉」、「杏仁糊」、「蓮子百合紅豆沙」、「臭草綠豆沙」等，都是府中小朋友的最愛，每每吃得不亦樂乎。

我太太是香港人，岳母極愛烹飪，煲湯燒菜點心，都具甚高水平。岳父則善品味，喜歡尋覓美食，且因職務使然，得出入港島餐廳、飯館及排檔，是以熟稔港、澳佳味。追隨著他們的腳步，遂略諳粵式菜點，甜品自然也在其中，「臭草綠豆沙」由於常享，因而能道其詳。

所謂臭草，即魚腥草，盛產於中國西南地區，其別名有「者耳根」、「則爾根」，既可生鮮食用，亦可於曬乾後，再與他物煲湯。已故文學及飲食名家汪曾祺，曾形容其滋味，倒是十分傳神：「苦，倒不要緊，它有一股強烈的生魚腥味，實在招架不住了！」

臭草雖有臭名，其實它的氣味，並不算是臭味。不過，若不習慣吃它，一時頗難入口。只是廣府人士多數已吃習慣了，連小孩子也能接受。而且有些人士，認為煲熟的臭草，其氣味實近於香，故亦有稱香草者。

且看看此一臭草，其妙在涼血解毒，且是消除暑氣的良藥，民間救治「中暑昏迷」之類險症，會用多量臭草，原棵洗淨之後，放入缽中搗爛，接著沖入滾水，濾去其內渣滓，頻頻給患者喝，即可消除暑氣，且恢復清醒。

在炎炎夏日時，青年氣血旺壯，不時散出熱氣，面部冒出暗瘡，如果又多吃煎炸之品，如「炸雙胞胎」、「煎堆」（炸芝麻球）之類，就有可能血燥、血熱，皮膚出現非癩非疹的小顆粒，一旦猛抓，非但灼熱，且生疼痛。為了解決此一問題，長居嶺南的人們，每用綠豆、海帶、臭草、片糖（即粗糖、其色黃，呈片狀）煲糖水吃，具涼血解毒、清除熱氣、止癢治療的功效。但飲用此糖水者，須平素身體壯健，方可盡收其利益。若是寒底子之人，食罷會頭暈眼花，如此則反受其害。

遙記三十年前，起初在香港島灣仔的傳統市場內，發現於其盡頭處，有一攤專售此糖水，它用一大鍋滾，自晨至暮不歇，煲到綠豆「糜爛而起沙」、海帶結形存而欲化，不時逸出臭草馨香為止。據說對人體有清補作用，且能潤澤臟腑。我每去必飲，且連盡數碗，感受其中之奧妙，猶如「習習兩腋清風生」，真是好哇！

清真美點愛窩窩

日本的和果子，我偏愛食「大福」；在客家點心中，則喜歡吃麻糬。究其實，它們皆來自西域，早在元朝即有，當時稱「不落夾」，到了明代中葉，不僅盛行宮廷，而且流傳民間。前者如太監劉若愚所撰的《酌中志》，其「飲食好尚」篇即言：「以糯米飯夾芝麻糖為涼糕，丸而餡之為窩窩，即古之『不落夾』是也。」後者則見於《金瓶梅》，是一款稱謂奇特、形製精巧的清真風味小吃。

這一窩窩小食，本名叫「愛窩窩」，後來諧音省寫，竟成了「艾窩窩」。據清人李光庭《鄉言解頤》上的說法，愛窩窩全名為「御愛窩窩」，其由來乃「窩窩社、小吃館兼賣點心者。窩窩以糯米粉為之，狀如元宵、粉荔，中有糖餡，蒸熟，外撒薄粉，上作一凹而覆之。茶館所製甚小，曰『愛窩窩』。相傳明世宮中有嗜之者，因謂御愛窩窩，今但曰愛而已。」原來其上有一凹，故名窩窩，後因作過御膳，曾因帝后喜食，因名「御愛窩窩」，後來年代久遠，成為市井小食，就變成「愛窩窩」了。

而製作愛窩窩時，先將糯米洗淨，浸泡六小時到一天（視陳米和新米而定），瀝盡水分，即上籠用旺火蒸，至爛糊取出，再澆入開水浸泡「吃漿」。接著撈出再蒸，以木槌搗爛成團待涼。另把大米粉蒸熟放涼，撒在案板上，取糯米團和大米粉揉勻，揪劑摁成圓皮，內包各種餡子，白糖、玫瑰、核桃仁（亦有用瓜子仁者）；白糖、山楂；白糖、芝麻；冰糖、桂花、青梅，以及各種澄沙等等。包好之後，放入江米（即糯米）麵（即粉）中滾一下，上面蘸滿乾麵，表面雪白一層，狀如欺霜傲雪，十分乾淨好看。再置於淺盤中，形似球，白賽雪，像煞雪上滾霜，吃時拿在手中，口感輕爽柔韌，妙在不會沾手。

署名雪印軒主所作的《燕都小食品雜詠》，其詠愛窩窩云：「白黏江米入蒸鍋，什錦餡兒粉麵搓，渾似湯圓不待煮，清真喚作愛窩窩。」詩後自注道：「愛窩窩，回人所售食品之一，以蒸透極軟之江米，待冷，裹以各色之餡，用麵粉團成圓球。大小不一，視價而異，可以冷食。」基本上，其所言不差，只是愛窩窩從來不吃熱食的。

以往在北京城，愛窩窩必於元旦起賣，早已成為慣例。售者多為回民，或執長方木盒，或推小車叫賣。前者放幾個捧盒，內有不同的餡，現吃現包，以示新鮮。後者則賣現成品，其貨色較豐，除愛窩窩外，尚有蜂糕等物。是以蔡繩格《一歲貨聲》的愛窩窩條注云：「清真回教，挎長方盤，敲小木梆，必於初一日開張。紅、白蜂糕，棗窩窩、糖窩窩，白糖、芝麻、澄沙三樣愛窩窩，江米黏糕。」沿街叫賣，其聲不絕，成為一景。

品嘗愛窩窩時，不可囫圇吞棗，分成三口為佳。第一口以皮為主，帶少量餡，品江米清香，帶點餡兒味；第二口為「中段兒」，乃精華部分，嘗不同餡兒；第三口則是尾聲，皮、餡比例，視第二口而定。三口中各有不同，有期望，有滿足，有回味，達到此一境界，方是飲食藝術。

甜年糕深得我心

糕類食品叫「粿」的，不光只有台灣，據我所知，江西人士也叫「粿」。每年一到春節，它一躍變要角，其原因無他，純為口彩好。畢竟，年年「高」升，那個不愛？

猶記小時候家住員林、霧峰時，每逢過年，家家戶戶莫不各顯身手，磨製不同種類的年糕，媽媽亦是個中好手，所製甜年糕、蘿蔔糕、發糕等物，無一不佳，而今回味起來，仍會吞嚥口水。只是當時的名稱叫「挨粿」，不是磨年糕。

而當年磨年糕的石磨，是一種以上下為一組、中有軸、上座之側有一眼嵌木柄的器具。在製作時，將米與水，傾入其上座頂上的孔內，靠著人工推動木柄轉動上座，米漿則順著石磨上的溝槽及流轉，流進「粿袋仔」內。兒時童心頗盛，還常義務勞動。不過，挨粿的方式與景象，早被電動挨粿機所取代，已成廣陵絕響。曾在一些庭園中看到石磨，竟成了裝飾品，常觸動心弦，生今夕何夕之嘆。

依稀記得米漿，由於糕的不同，以致性質有異。像製作菜頭粿（蘿蔔糕）、芋粿（芋頭糕）時，須用質硬的在來米，效果才好，但做甜粿（甜年糕）、菜包粿時，非得用糯米，或在糯米中摻雜些許的在來米（有人用蓬萊米），其口感才棒。此外，過年做粿的時間，大都集中在臘月二十四日至二十六日之間。

事實上，台灣在農曆年節應景的粿類還真不少，有甜粿、菜頭粿、包仔粿、發粿等，均有其特殊意義。比方說，甜粿壓年，菜頭粿好彩頭，包仔粿剩多金，發粿發財等。

甜粿的作法，是以糯米磨成的米漿拌砂糖蒸熟，呈土紅色，如混以白砂糖則呈淺咖啡色。考究的人家，還添加紅棗、紅豆、花生仁等甜料，象徵喜慶。其吃法有四：可蒸、可炸（裹蛋黃拌麵粉）、可煎、可切片包鹹菜吃。風味各殊，且以第四種吃法最特別。

菜頭粿是先以在來米磨成米漿，再混合蘿蔔絲或蘿蔔汁蒸熟即成。包仔粿類似饅頭，內餡可甜可鹹，通常是包豆沙餡、菜餡及肉餡。至於發粿，則是用在來米的米漿，加入砂糖和發粉使其發酵，再予蒸熟而成。其頂端常如花綻放，且狀貌似蛋糕，適合直接取食，如放的時間長些，再經煎或蒸或炸，亦有別樣滋味。

在此須聲明的是，煎各式年糕最忌煎焦，不僅其口感差，且焦與台語「乾」（赤貧之意）諧音，口彩更糟。

我從小愛吃甜年糕，但這種甜粿，和北方在蒸熟後又黃、又粘、又甜的「黍糕」不同。如按明崇禎年間刊刻的《帝京景物略》一書之記載，當時的北京人，每於「正月元旦」就要

「啖黍糕，曰『年年糕』。」假使推測沒錯，此「年年糕」應由「粘粘糕」的諧音而來。

位於苗栗的「九鼎軒」，其手造客家米食，遠近馳名。製作精細，小巧玲瓏，口味道地，滋味甚佳。平日供應的有六款，分別是黑糖米糕、麻糬、艾草粄、黑糖發粄、紅豆粄、月光餅及紅豆最中。七者均素食，各有其風味，我尤鍾後者。其中的粄，即是閩南人所說的粿，都可充作年節食品。在此要提醒各位，各類米食製品，皆未放防腐劑，須趁新鮮快啖，不能稍有差池。

然而，店家一年僅做兩次的甜年糕（僅過年及中秋才供應），亦深得我心。入口清甜不膩，質地極其細柔。軟綿綿、甜蜜的觸感及口感，讓人味蕾齊放，感覺向上提升，不於中秋時節拈來細品，只得枯等至年關了。

甜點逸品西米露

大陸九三大閱兵後，循例宴請各國嘉賓，其菜單已公諸於世，內容簡單，不失派頭。計有四菜一湯一飯，外加冷盤、甜點、飲料。姑且不論此菜色，甜點倒引起好奇，乃「椰汁西米露」，關於其前世與今生，姑且在此詳加論列，應是件有意思的事。

西米露是由西谷米製成。而這個西谷米，簡稱西米，一般分成兩種。其一大如黃豆，稱之為「大西米」；另一小如小米，則叫做「小西米」。前者供食客用，後者則多餵鳥。

正宗的西谷米，英文名為sago，產自印尼群島的莎面樹，主要從西米椰子（sago palm）樹幹內儲存的碳水化合物中，所萃取製作的食用澱粉。又叫沙谷米、沙菰米等。基本上，西谷椰子乃棕櫚科常綠喬木，生長在低窪沼澤地，可高達十公尺以上，葉羽狀似椰子，果實則大如李。樹於十五年成熟後，即長出一花穗，莖髓充滿澱粉。因而人工所栽培的，在開花前採伐樹幹，截段，再縱向劈開，取出其精髓，加水並碾磨，遂溶於水中，經篩漿過濾，反覆清洗後，得糊狀澱粉，可直接加工，當曬成半乾品，破碎再納布袋，搖成細粒曬乾，才算大功告成。如此，才方便長期儲存和長途運輸。

早在十六世紀時，荷蘭人占據印尼，將此物運往歐洲，起先用於製作布丁或醬料的增稠劑，後又當成紡織品的挺硬劑（民間稱其為「上漿」）。另，南洋的華僑們，透過貿易途徑，亦帶進了廣州。致廣州的商人，再根據其發音，寫作西谷、沙谷、沙菰；又因它為顆粒狀，通稱做西谷米、西國米、沙菰米等。最早多用於熬粥，後來則充作甜羹，廣受食客們歡迎。

西米露隨著港式飲茶盛行，亦充斥於台北各茶樓、酒樓及飯店中，成了時髦甜品，人們趨之若鶩。後來基於成本考量，當時市面上所見的西谷米，往往以其他植物的澱粉製成。一般而言，加工廠會用木薯、小麥、玉米等澱粉，按一定比例混合加工而成。亦有大、小兩種規格，雖然皆可供人食用，但在滋味上，就及不上了。尤其可恨的是，上世紀九〇年代後期，不少餐館店，竟改用可食性明膠加輔料製成「西米露」，口感即使也有咬勁，卻遠遠比不上本尊手揉硬而不碎，煮後黏且不糊，望之光滑圓潤，加上透明度高，彈牙爽口耐嚼的境界了。

煮西谷米亦有學問，宜先置沸水中煮到半熟，出鍋傾入冷水漂浸，接著撥散顆粒，待其全部涼透，再放沸水滾熟。循此手續製作，可免外糊內生，導致口感不佳。

西谷米亦有療效。中醫認為它甘溫性平，有溫中健脾，能治脾胃虛弱及消化不良等症。

而用椰汁搭配製成的西米露，堪稱還原本來，收相得益彰之功。但我個人還是喜歡「蜜瓜西米露」和「西米布甸（丁）」，早年因緣際會，全在香港品嘗。前者甘馥而雋，沁人心脾，後者則彈齒且潤，耐人尋味。而今上品難得，思之不覺憮然。

糖炒栗得味外味

一看到糖炒栗的攤販，就知道秋天的腳步近了。它號稱「灌香糖」，至今北京、天津一帶，尚傳頌著糖炒栗子的佳句，詩云：「堆盤栗子炒深黄，客到長談索酒嘗；寒火三更燈半池，門前高喊『灌香糖』。」

我非常愛吃它，曾連食兩大包，仍覺意猶未盡。而與我有同嗜的，古往今來多的是，且有不少讚美詞。比方說，清人郎蘭臯便在《曬書堂筆錄》上寫著：「聞街頭喚炒栗之聲，舌本流津。」可見糖炒栗子之味甚佳，聽聲即垂涎，令人難以抗拒。他接著又說：「及來京師，見市肆外置柴鍋，一人面火，一人高坐杌子上，操長柄鐵勺頻攪之，令匀偏。」此鐵鏟重達十多斤，用它翻炒栗子，不但要適時上下翻動，須炒到半熟，才能加餳糖，且栗子稍一裂嘴，得及時注入調好的糖液，始能恰到好處。沒有個三兩三，就想撈界賺錢，比登天還難哩！

另，河北省的青年男女，在新婚大喜的日子，老人們總會應景，在新人要蓋的被子四角，縫上幾顆糖炒栗子，由於栗子與「立子」諧音，故有衍宗、喜慶之意，是以洞房花燭之夜，新娘子一定要取出栗子吃了，借求「香火」永續。而用甘美的糖炒栗子，則寓有深意。因它香甜細糯的滋味，帶著甜蜜蜜的作用，足以激發火花。

詩聖杜甫的詩中，雖有「山家蒸暖栗」之句，但炒栗的出現，應遲至宋朝或遼代時才有，此載於《老學庵筆記》及《遼史》中，距今超過千年。

前者為南宋大詩人陸游所撰。書中寫道：「故都（指北宋都城開封）李和的炒栗，名聞四方。他人千方百計仿效，終不可及。紹興（南宋高宗年號，公元一一三一年至一一六二年）中，陳福公及錢愷兩人出使金國，到了燕山，忽有二人持炒栗十包來獻，……自稱『李和之子』，隨後揮涕而去。」由上可知，糖炒栗子是種專門技藝，有其訣竅。想炒得好，得有本事。

後者是遼帝有次垂詢彰愍宮使蕭罕嘉努，問：「卿在外多年，曾聽過什麼異聞否？」蕭罕嘉努回奏：「臣只知炒栗，小的熟了，則大的還生；大的熟了，則小的必焦。要讓栗子大小都熟，才算盡善盡美，其餘就不知啦！畢竟臣掌管栗園，故藉此以諷朝政。」經今人的考證，這一個栗子園，位於河北省房山縣的良鄉鎮。當下良鄉炒栗，早已播譽中華，它能大名鼎鼎，足證其來有自。

糖炒栗子一味，當然用人工炒的才好吃，始有「柔潤香醞，其味如飴」的感覺。火候尤為關鍵，一旦不足，便有「僵粒」，難剝而且夾生；如果太猛，又會出現「爆粒」，乾癟同時焦硬，食來不是味兒。目前市面所售，大半用機器炒製，栗子則由南韓進口，顆粒固然不小，難剝還會糊皮，可謂大而無當，實在一無可取。

我喜歡清人富蘭敦崇在《燕京歲時記》的這段話，「栗子來時用黑砂炒熟，甘美異常。青燈誦讀之餘，剝而食之，頗有味外之味」。也有人說過，糖炒栗子最適合搭配的，就是竹葉青酒。我曾經試過，絕佳。諸君如有興趣，不妨一試。

懶殘芋大有風味

南宋大詩人范成大，有次和朋友相約時，心中想望的情景，居然是共煨芋頭，並寫道：「去矣莫久留桑下，歸歟來共煨芋頭。」其實，特愛吃煨芋頭的，自古即不乏其人。像明人屠本畯的〈蹲鴟〉詩，即有「地爐文火煨悠悠，須與清香戶外幽」之句，讀罷令人神往。

一般所謂的煨，是把食材先行處理，埋在有火的灰中，利用火的餘熱，使它慢慢成熟，既品嘗其原味，且帶特有芳甘；或將食物放進鍋裡，下面以小火慢燒，或使它熟透，或煉出濃湯，以方便進餐。而在火灰中，又以燃木屑及燃稻殼這兩種最為常見，滾燙在手，剝而食之，此中之樂，無窮無盡。

在中國歷史上，最有名的煨芋頭，出自於方外，故事精彩萬分，值得一再玩味。在天寒地凍時節，食之尤親切有味。

話說唐玄宗時，有一僧人因「性懶而食殘」，乃自號懶殘，人尊稱「懶殘師」。某年冬天，他在衡岳寺中，用乾牛糞燃火，煨芋頭於其中，宰相李泌往訪，他竟然不出迎，還說：「尚無情緒收寒涕，那得工夫伴俗人？」吃到盡興之處，連鼻涕都不揩，懶得去見權貴，想必那個滋味，必定深得其心。

其實，有一山人亦好此道，且樂在其中。曾撰詩一首，詩云：「深夜一爐火，渾家團欒坐，煨得芋頭熟，天子不如我。」試想寒冬時分，升起一個爐火，全家坐成一圈，將芋頭煨熟後，逸出濃香而燙，邊剝邊叫手疼，趁熱蘸鹽入口，吃得渾身暖透，那情趣和滋味，即使貴為天子，亦無此中情境啊！

芋頭有大有小，欲品嘗煨芋頭，應選小者為佳，取其方便剝食。先君酷食芋頭，尤其是小芋頭，家母常備此物，置電鍋內蒸熟，盛於大瓷缽中，必備兩碟蘸料，其一是白砂糖，另一則是醬油，其上必有蔥花。我們父子二人，一邊剝一邊吃，同時閒話家常，天南地北，無所不包，我從中得益甚多，至今仍回味不盡。

先君談起往事，憶昔寓居上海，每到金秋時節，小販提著籃子，串走街巷之中，拉長脖子吆喝：「火燒毛芋艿噢！」只要幾文銅板，即可買得兩個，當街剝皮蘸鹽，或充饑或解饞，洋溢著小確幸，這已是一甲子以上的事兒了。而今我在夜市裡，偶爾看到煨好的小芋頭，也會買些回家中，和太太一起分享，並聊些有的沒的，很有意思。

此外，家鄉有款甜食，甚受人們歡迎，此乃「桂花糖芋艿」，在小店肆食用。但見一碟上桌，裹著糖汁的芋艿，晶瑩似玉彈銀珠，點綴著金色桂花，馨香四溢，中看中吃。其妙在芋酥而糯，煮法上稱簡易，可以經常受用。

比較起來，「蔥燒芋艿」更得我心，台灣的江浙及上海菜館，常充作小菜用，我最愛的兩家，分別是「浙寧榮榮園餐廳」和「馮記上海小館」，前者酥糯鬆香，後者滑似龍涎，一與蔥花遇合，色澤青中帶紫，或作乳白灑青，可謂各臻其美，令我愛不釋口。

識味老饕私房菜——素食名館

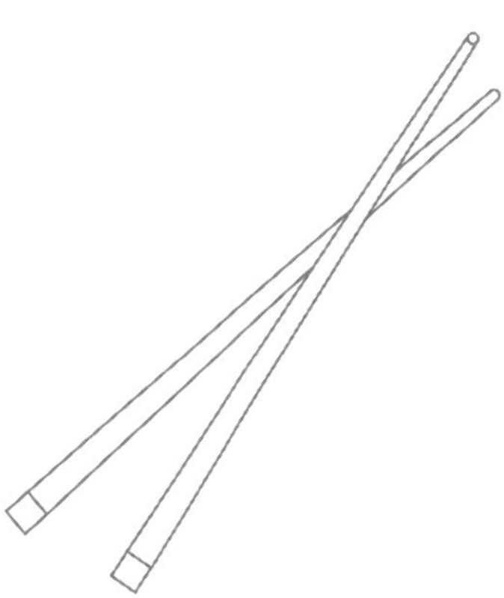

大蔬無界意境高

這家特別的素菜館，在上海迭獲米其林一星餐廳的殊榮，佳評如潮。我連續吃兩回，一次是季節甄選，另一次是直接點菜。食畢，突然想起了一代川菜名廚伍鈺盛。他閱歷豐富，見多識廣，在實際操作和教學上，力主「正確傳承不等於墨守成規，改進創新不能亂本」，確為至理名言。另，他極力弘揚「廚德」，一再強調「言教身教傳廚德」。伍氏的這種精神，我在「大蔬無界」中，看到了具體實踐。

其創辦人宋淵博，和「滴水坊」有淵源，有素食理念，亦有所堅持。目前的總廚為慈實，自謙為「素食研發工作者」，創意無限，但有所本，曾有人問他：「最滿意的一道是什麼菜？」總戲稱：「下一道。」言談中充滿著自信，很有日本料理師傅「味自慢」的情懷。

連幾天大魚大肉，乍看套餐中的前菜，乃甜菜根切丁、毛豆與薄片齊上，紫、黃、綠相間，頓開生色，味亦可人；頭盤菜為牛蒡葛米配糖醋京蔥捲、焦糖蘋果釀金桔，造型典雅生動，食味各有千秋，細品其中滋味，頗能相得益彰，馬上獲滿堂彩，咸認味有別裁，不輸京蘇風味。

接下來的兩個湯菜，分別是黑棗紅蓮湯與蓮藕煨煮蘿蔔。前者入腹，香甜滿嘴，彷彿一股暖流入腸胃；後者將產自黃灣的蓮藕與白蘿蔔同煨煮，眾料同納缽內，卻能相輔相成，在春寒料峭時，得以此湯入腹，真是一團和氣。

續上的兩個主菜，能發思古幽情。其一為冬筍松子蔬鬆配球生菜葉，其二是蒓菜竹蓀蛋佐泰式綠咖哩配脆米。

二者皆由中菜變化而來，前者的炒蔬鬆，類似滬菜「八寶辣醬」，以生菜包裹而食，脆爽細糯，頗富境界；後者竹蓀配脆米之法，脫胎自「口蘑鍋巴」，竹蓀號稱「菌中皇后」，又稱「僧帽菌」，潔白雅致，佐以蒓菜，更顯清新。湯底是綠咖哩，超乎想像之外，色相固然佳美，口味沁人心脾，極成功。

終結的主菜很特別，是主廚祕製的猴頭菇排佐黑松露醬，再搭配茨菇、黑莓及炒百合甜豆，小巧玲瓏，善用留白，錯落有致。主食的豆腐衣包糯米蓮藕飯，口感疏爽清雋，外形呈石榴狀，有趣。甜點為巧克力蛋糕配香草冰淇淋，以瓷杯托出，置於脆片上，細品其中味，能其樂融融。

而直接點菜的那次，以西南風味為主軸，貫串巴蜀、雲貴和青康藏，挺不同凡響，覺得有意思。

先奉的三道菜，都是重口味的，或先麻後辣，或重麻輕辣，但因食材及刀工精美，或爽或糯，能引食興。在依序嘗畢「巴蜀夫妻」、「香椿愛情」和「青海湖」後，兩道好湯次第送來。「福壽全」即素的「佛跳牆」，裡面有西藏的人參果，確實引人入勝。另，「灰雞枞黃耳枸杞湯」，用的是高檔食材，食味醇鮮，深得我心。

用畢「天之驕子」、「帽子戲法」及眾料紛呈、適口充腸的「春意鬧」後，我最愛的「蒲面而來楊柳風」接踵而至。這道菜用來自淮安的鮮嫩蒲筍，沃以奶湯，上有萵筍片，結構佳美，其味雋逸，妙！

末了的五色馬卡龍，邁入新境，細膩不甜，女士讚不絕口。

總之，這等不嬌不媚且比天驕的素食，稱得上是膾炙人口。

心佛齋擅燒素菜

晚清以來，中國的素菜館，以上海的「功德林」，北京的「全素劉」，南京的「綠柳居」等，最為世所稱。而山東省省會濟南，亦有「心佛齋素菜社」，民國初年開設，址設城裡院西大街衛巷口的「准提庵」內，專賣各式素菜，不沾任何葷腥，手藝嫻熟，名動四方。

素食一詞，首見於《墨子・辭過》，云：「古之民未知為飲食時，素食而分處。」起先是指生食，後演變成以穀物和蔬菜瓜果所烹製之食物。然而，並非所有蔬菜，皆歸納為素食，只要氣息強烈，帶有辛臭之味，一旦放進菜中，就非全素概念。像道家的「五葷」，即韭、薤、蒜、蕓薹、胡荽；以及佛家的「五辛」，指蔥、蒜、蒜薹、胡蔥和韭。但是純吃蔬果，營養不夠均衡，除了豆製品外，有人主張蛋、奶亦列素菜範疇，吃得更為全面，長保身體健康。但堅持戒律者，仍非全素莫屬。

早期中國的四大菜系，分別是蘇、粵、川、魯。山東地近北京，境內的煙台市福山區，廚師人才輩出，號稱「烹飪之鄉」，北京各大飯館，幾乎是其天下，其影響力之大，堪稱無出其名，故有「福山幫」之名。其特點大致有二，一是用料極講究，二是善以湯調味。濟南是省城，大館子林立，雖不以素菜為主，但不乏著名素菜。

當時膾炙人口的素菜，不勝枚舉，有「糟煎茭白」、「鍋塌蒲菜」、「松子豆腐」、「如意冬筍」、「乾炸豆腐丸子」、「燒素燴」、「珊瑚白菜」、「水晶豆腐」、「櫻花石子」、「炸豌豆苗」、「燴八寶季菜」等等，琳瑯滿目，目不暇給。可惜這些佳餚，有的今已失傳，無法品其奧妙。我印象尤深者，乃大飯店裡的「乾炸冬筍」，這道菜目前在台北，也吃得到佳構，例如「浙寧榮榮園」即是。它是將冬筍切片狀，佐以細鹽，再上糖色。另把雪裡蕻的嫩葉洗淨，與冬筍分別下油鍋炸，最後拌勻上桌，此菜外脆裡嫩，風味別具一格，食罷喜上心頭。

老實說，這些館子的素菜，就嚴格意義講，稱不上是全素，因為所用高湯會用豬肘子、全雞或全鴨等煨透，提起味來，鮮清而雋，茹素之人，實非所宜。

「心佛齋素食社」之名，取佛經「心即是佛」之義，其掌櫃叫張鴻恩，是一虔誠佛教徒，從南來和尚那裡，學習寺院的素菜，盡得其真傳，凡吃過的人，都讚不絕口。上世紀三、四〇年代，濟南的僧尼宴客、寺院供佛、豪門治喪、富商齋戒，多半請張鴻恩整治素筵。約四〇年代末期，為供應信佛茹素者的需要，濟南又開了「功德林」、「清素飯莊」和「萬佛林」等素菜館，但生意終不及「心佛齋」，撐不了三、四年，便關門大吉了。

「心佛齋」的食材，精選百頁，黃蘑、腐竹、麵筋、山藥，佐以香菇、木耳及新鮮蔬果，搭配豆蔻、草果、砂仁、白芷、丁香等香料、藥材。其品種幾乎是素菜葷名，像「烤鴨條」、「素鵝脖」、「荷葉肉」、「黃蘑雞」、「素香腸」等，做工精細，造型逼真，入口馥馨，深受歡迎。我慕其名久矣！多年前赴濟南，本想一飽口福，結果未能如願，至今回想起來，仍為憾事一樁。

平易恬淡小覺林

揚州的「小覺林素菜館」，位於老城區內。是該區唯一經營素菜和點心的飲食專業店。這家百年老店，和上海的「覺林蔬食處」之名相近，卻大相同。後者由居士籌資開設，成立於民國後，透過少林寺（一稱五台山）覺林法師的技術指導，手藝更上層樓，加上位於通都大邑，遂廣為食客周知，成了著名素食館，引領近百年風騷。

前者則不然。開設於晚清，由當地妙心庵住持覺林師太出資創辦。其主要的目的，是讓城內大小庵觀寺廟的僧尼、道士，以及富戶豪門中吃齋念佛的善男信女們，提供素菜素點。師太謙恭自持，乃以「小」字當頭，有「味自慢」之風，亦在漫長的歷史進程中，積累了烹飪素食的豐富經驗。

早在菜館開業之初，覺林師太就博採眾長，集名山寺廟之精粹於一館。她和後繼者們，先後到上海龍華寺、玉佛寺，浙江龍隱寺，寧波七塔寺、天童寺訪師會友，含英咀華，默記操持。又在佛教聖地的普陀山、九華山等地，拜名廚為師，習各派之長。通過具體實踐，轉而吸納傳承，逐步形成特點，為自家的素菜，立下嶄新品牌。做到人無我有，人有我新的絕佳口碑，屹立萬千餐館之中。

《清稗類鈔》上說：「大抵生菜有四法，一宜炒，一宜拌，一宜清煮，一宜紅燒。烹調得宜，甘芳清脆，可口不下於葷餚。至於菰筍（即茭白）、筍、蒲（盛產北方，其質在竹筍、茭白之間，味甚清美）、椒（青椒、紅椒）之類，有特別風味。生菜四種食法，皆可斟酌加入，倍覺可口。」文中所謂的生菜，即蔬菜，為全素者喜愛的食材，如果推而廣之，即是清人李漁的創見，這位大食家指出：「世人製菜之法，可謂百怪千奇。自新鮮以至於醃、糟、醬、臘，無一不曲盡奇能，務求至美。」他亦愛用辣芥拌物，這種芥辣汁，拌蔬食最佳，故每食必備，並推崇道：「食之者如遇正人，如聞讜論（正直的言論），困者為之起倦，聞者以之豁襟（敞開胸襟），食中之爽味也。」

綜上觀之，喜食素菜者，光是吃全素，烹飪之法多，再製品亦多，即使是涼拌，也變化萬端，其運用之妙，實存乎一心，貴在能善用，必別開生面。這也難怪乾隆南巡時，「至常州，嘗幸天寧寺，進午膳。主僧以素餚進，食而甘之，乃笑語主僧曰：『蔬食殊可口，勝鹿脯、熊掌萬萬矣。』」

老實說，「小覺林素菜館」雖精緻而雅，但價格公道，故頗受歡迎。曾有人指出：其「什錦雜燴」，「掀開蓋子，一陣麻油香氣襲人。再一看，碧綠的是菜心，雪白的是冬筍、山藥，淺黃的是白果、豆腐，還有蘑菇、香蕈、黑木耳和紅棗。數數十多樣，外澆一層滋潤的麻油」。當然啦！軟軟的麵筋泡，尤能誘人饞涎。天寒食此，樂莫大焉。

飲滄老人李聖和曾撰聯一首，張掛於店內大堂的西北角，寫道：「吃飽方休，身外黃金無用物；過此莫去，世間白髮不饒人。」味甘淡泊，自在從容，非能清其心者，將無益於健康。

全素齋源自宮廷

北京的素食，源遠亦流長。到了清代時，掌管大內的御膳房，除了葷菜局、飯局、點心局、餑食局外，尚有手藝高超的素菜局。它專供皇帝、后妃在齋戒、茹素、持齋時所用的膳食。據清宮御膳房的記載：德宗光緒年間，該局光是素食，就能製作出二百多樣，特製時蔬、豆腐、麵筋及各種菌類佳餚，其水準之高，比起寺院來，一點也不遜色，似乎在伯仲間。

「全素齋素食商店」，位於繁華的王府井大街，其創始人劉海泉，自十四歲那年起，即在御膳房供職。他本人吃苦耐勞，聰明好學並苦練，做得一手好素菜，能融合南北之長，深得慈禧之歡心。使得素食的地位，在宮廷大大提高。

到了光緒二十八年，劉海泉離開御膳房，開始擺攤經營素菜，起先以「大路貨」為主，營業的項目中，有七種「疙炸合」，價錢十分便宜，跟燒餅差不多。此外，還有「香菇麵筋」、「素火腿」、「素什錦」、「獨麵筋」等。到了後來，亦包辦「四四到底」，就是「四壓桌」（以甜食、乾果為主）、四冷葷（以素菜做成葷狀）、四炒菜、四大件（以雞、鴨、魚、肘命名），共十六個菜，分量紮實可觀，花色品種繁多，加上風味獨特，頗受人們歡迎。由於沒有字號，只知這家姓劉，乃隨口稱之為「全素劉」。久而久之，街坊皆知。

直到一九六三年，劉海泉央人寫「全素劉」三字，製成一塊長方橫匾，「全素劉」此一字號，從此就成招牌。他不以此自滿，更加精益求精，菜品風味獨具，即使不吃素的，也來試味嘗鮮，從而譽滿京華，馳名大江南北。

其子名劉雲清，自小追隨父親，習得全套絕活，不斷發展創新，在其全盛時期，所燒出的品種，數達二百五十，同時樣樣精彩，天天擠滿食客。而第三代傳人劉文治，在長期薰陶下，亦學得好技藝。是以二十世紀五〇至六〇年代，大陸領導人在「北京飯店」、「人民大會堂」宴請外賓，多次由劉文治掌杓，獨樹一幟，頗受好評。

目前已更名為「全素齋」的素食老店，以其滋鮮味美，味道別具一格，大受群眾喜愛，以致門庭若市，產品供不應求，盛況更勝往昔。

而今的「全素齋」，除大受歡迎的「香菇麵筋」、「素什錦」、「紅燒里肌」、「辣雞絲」、「小鬆肉」等菜色之外，又研製出「全珍御膳」、「山珍烤麩」、「水仙蓮子」、「燜五寶」、「腐皮肉」這五個新品種。在與時俱進下，不斷推陳出新，難怪一枝獨秀，生意好到破表。

我久慕其令名，尚未一膏饞吻，盼機緣成熟時，可以一嘗為快，既飽口腹之欲，也能耳目一新。

在白馬寺品齋菜

有「中華第一古剎」之稱的白馬寺，位於洛陽市內，建於東漢年間。其「佛素」自古揚名。不僅杜絕雞、鴨、魚、肉、蛋類的食品，而且禁止食用蔥、韭、芥、蒜諸葷，並嚴格遵守《梵炯菩薩戒》，即「菩佛子，不得食五辛，大蒜、茖蔥、慈蔥、蘭蔥、興渠，是五辛，一切食中不得食，若故食者，犯輕垢罪」。基本上，茖蔥為韭菜；慈蔥為蔥類，含大蔥、小蔥、珠蔥等；蘭蔥為小蒜，興渠則產於印度，向為中土所無。大抵而言，生食五辛增瞋怒，熟食五辛增淫念，而食五辛者，口生臭味，諸天遠離，魔鬼歡喜，舐其唇吻，吸其臭味。是以常食五辛之人，福德日消，罪惡日增，非但不得直接食用，也不可以當成配料，這與宮廷素食及民間素食截然不同，理應嚴加區別。

此外，它尚有一大特點，即「不聞其名，不見其形」。所謂不聞其名，即不給素菜起肉食之名，如素魚、素雞、素火腿、素排骨等，而是以寓意性質，取一些佛教術語，比如「花開見佛」、「明心見性」、「萬法唯心」、「圓融無礙」等名稱。至於不見其形，乃不將素菜燒出雞、鴨、魚、排骨、火腿等形狀，此為意念上的不殺生，其目的在培養慈悲心，既身不作殺、口不言殺、意不念殺，故在進食之後，能身口意三業，均清淨無垢。

壬辰年的仲秋，我前往白馬寺，在參觀完勝景後，知客僧妙宣法師引領我等，在齋堂雅室的圓桌上，品嘗正宗佛素。這些素饌，全由香積廚直接供應。其菜色皆家常，卻具有真滋味，吃得十分開心。

這些菜蔬糧豆，皆由寺內生產，出於群僧勞動所得，一切自食其力，感覺特別親切。豆漿最先奉上，自行研磨製成，漿汁濃郁而香，在放涼過程中，不時可揭腐衣，細膩滑柔且醇，如飲玉液瓊漿，妙在隨時供應，可以無限暢飲。接下來的兩素點，分別是蒸包和菜盒。兩者內餡無別，都是南瓜、粉條及香菇末之屬，雖口感較軟爛，但綿密又細緻，能夠入口即化，因而在不知不覺中，一口氣各吃了兩個，堪稱適口充暢，精神為之一暢。

以後連上的幾品菜，全部由廚娘們燒製，由於烹飪多年，倒也得心應手，絕不譁眾取寵，反以清淡見長。像內有黃豆芽、大白菜、豆乾、粉條的「膾素什錦」，刀章尚細，爽腴互見，馨逸爽口；而摻入胡蘿蔔絲，青椒絲一起炒的「清炒土豆絲」，刀火功高，微酸而清，真是雋品；至於那「豆豉豆瓣粉條」一味，脆中帶糯，豆香襲人，棒得可以。其他如炒青椒片、炒木耳芹菜及燜煮豇豆等，都是原味呈現，滋味淡而不薄，一舉箸即送口，輕鬆且無負擔。

食畢，妙宣法師堅持要我題字留念。片刻之間，靈感陡生，於是借戰國名家（理則學始祖）公孫龍的「白馬非馬論」，再加上白馬馱經東來，為中國翻譯佛經之始的典故，遂奮筆寫下：「白馬非馬，馬色非白，馱經既譯，寺院第一」四句。藉以表明此馬背負使命，當為無上寶馬，又嵌「白馬寺」三字於每句之首。法師一見大悅，彼此盡歡而散。

寺院素菜登頂峰

中國的寺院素菜，在菜系中別樹一幟，一直居重要位置，到了清代時，尤法力無邊，奠定其地位。像《清稗類鈔》便指出：「寺廟觀素饌之著稱於時者，京師為法源寺，鎮江為定慧寺，上海為白雲觀，杭州為煙霞洞。」其中，「煙霞洞之席，價最昂貴；最上者，需銀幣五十圓」。

而當時能與之抗禮者，則為位於湖北黃梅的五祖寺，謂由禪宗五祖弘忍創建。該寺以「五祖四寶」及「桑門香」等素菜著名。所謂「五祖四寶」，指的是「煎春捲」、「燙春芽」、「燒春菇」和「白蓮湯」，名字望之平常，用料卻很講究，製作一絲不苟，大得香客歡心。其「煎春捲」，以數種野生菜搭配豆乾、豆豉汁等為餡，用青菜包裹，在松枝的爐火中，用小磨香油煎成，食之清香，內蘊雅味；其「燙春芽」，取名貴「佛手椿」之嫩芽，在大雨後採摘，隨即洗淨，用滾水燙，以香油、精鹽、白醋、紅醬拌勻，馨香適口，沁人肺腑；「燒春菇」則用松茸配以荸薺、春筍，以爽脆細嫩、餘香不盡著稱；而那「白蓮湯」就神了，號稱以五祖在寺後白蓮峰頂白蓮池手植的白蓮，加上白蓮峰飛瀑與飛虹橋下的湧泉所交匯而成的「法泉水」，選用宜興紫砂缽，用羅浮松之松果當燃料，繼而在煨湯時，松果的清香滲入湯中，清馨環繞唇齒間，能令人回味無窮。

至於後者的「桑門香」，也是取自白蓮峰。用清明時節桑葉，清水將它漂淨，拖一層薄麵糊，入鍋炸至微黃。食時外黃內綠，品之先酥後嫩。麵糊調料尤奇，號稱八味齊備，突出鹹甜苦辣，並帶澀麻之味，譽為佛門佳品。

目前大陸較負盛名的寺院素菜，應是上海玉佛寺的素齋。上海為大都會，國際知名度高，遊客絡繹不絕；該寺的「素齋樓」，自上世紀八〇年代開業以來，已有來自上百個國家、地區的數百萬食客光顧，蔚為一時之盛。其能揚名寰宇，應是在一九八四年四月時，有幾位美國記者，品享「翡翠蟹粉」後，對味美誇讚不已，當侍者告訴他們，此「蟹粉」的材料中，乃最常見的胡蘿蔔，他們根本不信，親臨廚房參觀，看到實際操作，才知確為素菜，於是大幅報導，從此舉世知名。引來了許多觀光客，紛紛到此一探究竟。

玉佛寺除提供上等素菜外，尚有美不勝數的素點心，不僅滋味佳美，而且造型動人，不論近觀遠看，像煞藝術精品。令人讚歎不已。有道「朝陽玉鶴」，為其中佼佼者。盆內為綠波蕩漾，其上浮六隻天鵝，每隻皆潔白，形狀各不同，皆栩栩如生。且這盆「美景」，都可以吃的。所謂「綠波」，是果汁染綠的麥澱粉，而那些「白天鵝」，則是包餡的麵粉糰，據說甘滑細美，食罷口頰留香。

台灣的寺院素菜，亦有其獨到之處，讓香客垂涎不已。可惜我吃得有限，實不敢野人獻曝。有道是「食無定味」，只要能「適口為珍」，那就是頂級享受，既長留在內心深處，且能一再反芻回味。

清真素菜綠柳居

用清真的手法燒素菜，的確獨樹一格，所燒出的菜品，必精潔齊整，以雅淨馳名。位於南京市的「綠柳居清真素菜館」，雖不是僅此一家，也不是首先創製，但其風味卓絕，卻是有口皆碑，吸引逐味之士，絡繹不絕於途。

南京的清真教徒多，在辛亥革命時期，本店先在桃葉渡營業，後來因故歇業。上世紀七〇年代，當時的南京市飲食公司，特地選在市文化宮，為名廚陳炳鈺慶祝八十大壽，市長陳揚前來祝賀。其間，陳市長提及南京是個省城，應有一具特色的素菜館，並提議由陳炳鈺主持創辦。陳欣然同意，乃以「綠柳居」之名，負責組建工作。另從各區飲食部門，調來他的徒弟，如王齡壽、魏彩龍、毛家喜等掌杓，於一九六三年正式開張。時任省長的惠浴宇，曾親臨視察，並品嘗素宴，結果很滿意，留下一段佳話。

首任店東劉兆慶，起先只做素菜和素點，供應佛教及回教界人士，後來挖空心思，講究素菜葷做，製作尤為精細，幾乎足以亂真。其菜單上共有一百多個品種，常年供應的菜色，有五、六十種之多。其中的「羅漢觀齋」、「糖醋刀魚」、「明月猴頭」、「素烤鴨」、「素燒雞」、「燴魚唇」、「溜黃雀」等，都是拿手好菜，食客聞香而至，變成當家品種。

「綠柳居」的菜，都是用素料，油亦用素油，形狀則葷形，能維妙維肖。常用食材方面，有豆製品（包括豆腐、腐皮、豆腐乾、豆芽等）、麵筋、香菇、木耳、白果、山藥、菱角、紫菜、髮菜、瓜果等，看來很平凡，選料卻嚴格，來幾位外賓，指名要吃龜，廚師發巧思，做了一盤龜。端到桌面上，全栩栩如生，他們皆大驚，怎麼也不信，居然是「素」的。而在常饌方面，那道「糖醋刀魚」，條條有頭尾，有眼也有嘴，還有鰓和鰭。但這些假的刀魚，全用豆腐皮製作，若非親眼目睹，很難想像絕活竟可到此地步。

而「綠柳居」營業之初，日本等國的佛教協會，為了紀念鑑真和尚，紛紛前來南京。棲霞寺方丈接待日本代表團的素宴，便由「綠柳居」承辦。廚師大顯身手，燒製「白汁鴿蛋」，其形足以亂真，讓客人以為是用真蛋，以致不敢下箸。經說明是以素菜製作，始喜而食之，並大加讚賞，不吝給予掌聲，一時傳為美談。

自「綠柳居」成名後，名家如林散之、陳大羽、趙樸初等，無不到此用餐，留下精彩字畫，可謂相得益彰。

當然啦！與葷菜的燒法一樣，素菜也有炒、炸、燒、烤、燴、溜等烹調方式。一般而言，「綠柳居」的炒菜，脆而不生；炸菜，酥而不硬；燒菜，清而不薄，潤而不爛；烤菜，油透爆漿；燴菜，滋味入骨。總評則是清香平和，鹹甘適中。我久慕其大名，兩回來到南京，本想一探究竟，並且大快朵頤。無奈行程滿檔，至今尚未如願，盼不久將來，可以一膏饞吻。

新派素食福和慧

已亥（二〇一九）年初春，和食家劉健威、李昂、詹宏志等一行人，相約前往上海，尋訪美味餐館，連吃了「食廬」和「老吉士」，品高格雋，佳餚滿案，幸好先預訂了「福和慧」，氣氛及口味一轉，胃納精神皆一振，因而接下來的「老飯店」、「甬府」和「聽菜館」等，便應付裕如了。

盧大廚主持下的「福和慧」，符合時代趨勢，從用餐環境，上菜順序，搭配茶飲，講說菜色及菜單撰寫上，皆自成一格，不與俗同。加上清新有韻，運用留白手法，擺盤錯落有致，頓生空靈之感，處處充滿「禪」意。是以廣受食貨歡迎，紛紛給予肯定。它能接連獲得米其林一星的評價，而且連中三元，揚名滬上，真的很不簡單。

此次以八道菜為主軸，四種茶貫串，前後各有點心。招式連綿不絕，服務體貼入微，置身其中，如沐春風，同時心曠神怡，感受美妙氛圍。

先奉的前點有四，不是人人皆有，每樣都只三個，任由食客自擇。或置於圓盤中，如點綴星點的圓薄脆；或擺在銅盤內，如山楂捲配覆盆子；或置於布袋裡，如去半邊殼的栗子；或鋪陳於枯木上，如極細極柔的方薄脆，在樹葉中若隱若現。件件如藝術品，拈起其一送口，慢慢咀嚼，展開序幕。

茶以陳皮白茶打頭陣，茶中帶陳皮香，但不掩白茶味，頗能相得益彰，眾人邊啜邊聊，專待接著的筍及滷菇茶。

春筍切滾刀塊，放在白盤周遭，用冰菜嫩心及海藻置乎其中，淋上燉菇紅汁，筍脆而甘，餘則滑爽，口感倒是一流，馬上沁人心脾。

滷菇茶用玻璃杯呈現，內有羊肚菌、去核紅棗及猴頭菇等，湯汁赭紅，入口甘潤，有意思。

續上的東方美人茶，以粉紅平底壺盛之，茶杯皆粉紅色，從顏色上觀察，感覺似「天一方」的美人，挺有趣。

續上的三道主菜，分別是南瓜、銀耳及梅菜，創意十足，值得喝采。東昇南瓜放古銅色圓盤內，去頂部如鋸齒狀，瓜肉呈圓筒形，一共有八個，擺滿瓜盅內，再以木匙取食。瓜肉軟滑，入口即化，整個黃明透亮，洋溢春的氣息。銀耳細切如絲，再摶成丸形，放在綠菠菜汁正中，碧幽幽，白亮亮，顏色相間，美景天成。其味清而芬芳，淡而不薄，乃轉味之上上品。我個人最愛吃的梅菜，在玻璃器皿內，正中放米糠，梅菜置其上。梅菜嫩而滑，味清新適口。食罷則飲普洱茶，能消積再實吾腹。

終結的三個「大菜」，分別為「扣三絲」、牛肝菌與松露。「扣三絲」的刀工極佳，豆腐與菜心皆切絲狀，排列齊整，宛如瀑布下垂，用片薄蕈菇覆其上，真如絲絲入扣，視覺美感超優，口感綿密細柔。而燻烤的牛肝菌放試管杯內，杯內霧氣氤氳，彷彿山嵐乍起，菌香帶爽，滋味不凡。最奇的是黑松露刨薄片，滿滿的放在素小籠包上，味道不過爾爾，手法新穎別致。最後小酌龍井，此為雨前上品，清新舒暢怡人，佐以頂級巧克力，劃下完美句點。

此宴虛無縹緲，實充滿著創意，對我個人來說，試過一次即可，一再光顧品嘗，恐怕無「福」消受。畢竟，它只是巧妙融入西法，走出一己新路，卻無特別意涵，但此為今日之主流，如此這般，可惜了。

覺林蔬食成絕響

我愛讀《梓室餘墨》。作者陳從周先生，自號隨月樓主人，浙江杭州人。他是著名古建築學家、園林藝術家、散文家。工於書畫，曾受業於張大千，著作等身。本書雖為札記體，但讀之親切有味，受益良多。

一九九五年時，陳氏和蔣啟霖先生一起在上海的「覺林蔬食處」吃素，兩人十分滿意。陳特撰〈覺林記〉一文，並由蔣氏書寫，後懸掛店堂內，引發不少回響。

〈覺林記〉起首即云：「佛家以覺悟為宗，茫茫塵世生老病死，苦海無邊回頭是岸，故多修功德早登極樂，『覺林蔬食處』持佛家戒屠之說，精製素食，天廚供饌，馳名海上，有口皆碑；尤以炎夏酷暑之候，更宜淨口保生，既惠口福，又增功德，一舉而兩得也。」接著他又表示：「余既耽禪悅，樂與周旋，嚼菜根香，養生養性，可悟禪機矣！爰為之記，以報『覺林』……」

此記甚有意思，不僅稱讚其素饌味美，名揚於大都會；又闡明了吃素可以養生養性，有益世道人心。

再早個十年前，汪道涵（前海協會會長）即常在此就餐會友，而明暘法師等宗教、藝文界及信佛人士等，亦常於「覺林」餐敘。由於盛名遠播，一些海外香客，皆以此為首選。中國佛教協會會長趙樸有詩讚曰：「行素養怡，妙存味外；飯蔬飲水，樂在其中。」

「覺林蔬食處」開設於上世紀三〇年代初，據〈三十年來之上海・飯會與粥會〉的記載：「賈某（指居士賈東初）經營『覺林』，一再遷徙，一度開在望平街時報館隔壁。若干年後，買到名伶毛韻珂的住宅，『覺林』移到霞飛路，於是素食成為一時風尚……」。

賈東初本為上海著名的「飯會」成員，每週三必參加在「功德林」舉行的「飯會」，品嘗素食素點。後來習得經驗，合夥開設『覺林』。它起初在用料上，仿效以往方式，即《清稗類鈔》所說的，「有素餚之中加以葷餚之汁者，僅用流質，如雞肉汁、豬肉汁、雞油、豬油之類。食之者惟覺其味之鮮美，而仍目之曰素菜也」。由於並非全素，未見特別突出，生意一般而已。

一旦因緣際會，肯定脫胎換骨，賈某時來運轉，遇到覺林法師，在他的指導下，凡提鮮的湯汁，一律用素鮮湯，而且因菜而異，結果出奇的好，頗受顧客好評，生意日益興旺。一九三七年九月，弘一大師抵滬後，即與豐子愷、夏丏尊、錢君匋等人在此會晤，共進午餐。

當時該店的佳餚，除傳統的「素鴨」、「素火腿」外，尚有新派的「茄汁鳳腿」、「髮菜魚肚」、「素淨肉鬆」等，雖以葷菜命名，但是潔淨全素。

自老店歇業後，一九八七年重起爐灶，擴大營業。融合各幫風味，依舊素菜葷名，具有色澤美觀，鮮香可口，滋味濃郁的特色，名菜有「魚香雞絲」、「素燒鵝」、「素雞」、「枸杞蝦腰」、「蟲草鴨子」等。此外，其早茶、素麵、素包子等點心，亦甚用心，膾炙人口。

然而好景不常，在強烈競爭下，店家作風保守，不能與時俱進，導致生意清淡，只好歇業收場，留下不盡相思。

吃得健康又美好

現代人四體不勤，深恐發福，每視吃大魚大肉為畏途。其實，暴飲暴食固然不好，營養失衡也很棘手。想大快朵頤而又不失健康，從宋代士大夫的飲食觀下手，或可找出確切可行的方案來。

在古代時，知識分子的經濟地位和生活水平，雖無法和富貴人家相比擬，但其中多數的人，並不短少衣食，在行有餘力下，便開始研究生活的藝術。由於具有較高的文化教養，敏銳的審美觀點，以及豐富的精神生活。於是反映在飲食方面，注重飲饌的精緻、衛生，喜歡清淡的蔬菜，重視用餐的氣氛等，但有一點很重要，絕對不奢侈糜費。這些觀念萌芽於唐朝，茁壯於宋朝，大盛於明、清，影響不可不謂深遠。

宋代有兩大文學家、同時也是美食家，均出自四川，可南北輝映。他們不僅愛吃，而且自己會燒，一些有關飲食的詩文，闡述自家看法，有益世道人心，足供後人取法。

第一位是以饕餮自居的蘇軾，他寫的〈老饕賦〉和〈菜羹賦〉，不啻是士大夫飲食觀念轉變的宣言。且「老饕」這一名詞，甚至成為後世那些追逐飲食之樂，而又不失其「雅」的文士代稱。〈菜羹賦〉更把食素這檔子事，看成是回歸大自然的手段，非但詩意十足，且將它與安貧樂道、好仁不殺等理念，巧妙地連繫起來。

第二位則是「未嘗舉箸忘吾蜀」的陸游，他曾作〈飯罷戲作〉詩，提及成都的飲食水平，有「東門買彘骨，醯（即醋）醬點橙薤。蒸雞最知名，美不數魚蟹。輪囷犀浦芋，磊落新都菜」之句，菜色看來都很家常。他亦喜歡烹調，所做的薺菜，其祕方有二，其一為「候火地爐暖，加糝沙缽香」；另一為「小著鹽醯和滋味，微加薑桂助精神」。至於它的滋味，不愧「珍美」二字。

另，宋代士大夫幾乎都對蔬食讚美備至。認為只有它才能疏瀹五臟，澡雪精神，滌盪汙穢，並體現人間之至味。其中，最有影響力的作品，應為朱熹的〈次劉秀野蔬食十三詩韻〉（包括詠乳餅、新筍、紫笋、子薑、茭筍、蔊菜、木耳、蘿蔔、芋魁、筍脯、豆腐、南芥、白蕈等），充分表達了這位理學的大宗師，他個人對簡樸食蔬生活的喜愛。這無寧是而今人們「少肉多菜」的具體實踐。

除了享用清淡的蔬菜外，士大夫們也喜歡吃家常菜，這可從「某應制者」在〈續老饕賦〉中，寫的「每嘗遍於市食，終莫及於家肴」這句話，瞧出些端倪來。此話典出范仲淹所說的：「常調官難做，家常飯好吃。」而將之詮釋最棒的，則是以撰寫《美食家》中篇小說而舉世知名的是陸文夫。他在〈姑蘇菜藝〉裡有一段話，指出：「前兩年威尼斯的市長到蘇州來訪問，蘇州的市長在『得月樓』設宴招待貴賓。當年『得月樓』的經理，是特級服務技師顧應根，他估計這位市長，從北京等地吃過來，什麼市面都見過了，便以蘇州的家常菜待客，精心製作，樸素而近乎自然。威尼斯的市長大為驚異，中國菜竟有如此的美味。」

我當然不主張唯蔬菜馬首是瞻，它吃多了容易營養不足；也不認為只有家常菜才可口，大菜就無可觀之處。孟子推崇孔老夫子乃「聖之時者也」。我覺得飲食亦然，應隨時變化，與時俱進，唯有這樣，方可既注意營養上的均衡，又能滿足口腹內的欲望，使飲食之中有藝術，增添生活上的情趣。

如此看來，飲食的藝術與任何藝術一樣，都講究有樸有華的風格。畢竟，「華近乎雕琢，樸近乎自然」，似乎唯有兩相融合，持中不倚，才會達到令人神往的「華樸相錯是為妙品」。這等最高境界，豐富人生品味。一再悠遊其中，足以寵辱俱忘。

兩宋茹素超精緻

吃素到了宋代，不論是質或量，均進一步提升，其量固然可觀，其質更是佳美，令人目為之眩。南宋尤為鼎盛，不禁拍案叫絕。謂之今古奇觀，絕對恰如其分。

首先要談談的，就是講究菜名，注重「色香味形」。其中最著名的，乃林洪的《山家清供》，記有當時大量的素饌。例如以葷為名的「假煎肉」、「素蒸鵝」、「玉灌肺」等。後者製作偏難，比較像是點心。其作法為：「真粉、油餅、芝麻、松子、核桃去皮，加蒔蘿（一名土茴香，既能調味，亦可入藥，有健脾開胃之功）少許，白糖、紅麴少許，為末，拌和，入甑（如同今日蒸鍋），切作肺樣塊子，用辣汁供」，由於後宮喜食，名「御愛玉灌肺」。

書中也有名稱特雅的，如「傍林鮮」、「碧澗羹」、「藍田玉」等。前者指筍，後者則是瓠瓜。而出自杜甫詩句「青芹碧澗羹」的這道菜，是用芹菜製成。其食法有兩種，一是做成醃菜，二是燒成羹湯。且不管哪一種，重在保持原味。林洪喜歡啜湯，故偏愛第二樣，表示「既清且馨」，深符文人雅趣。依我個人拙見，既然其名為羹，自以後者為宜。

此外，北宋陶穀《清異錄》一書所記的素菜名，亦極為可觀。比方說：「居士李巍，求道雪竇山（在今浙江奉化西）中，畦蔬自供。又問巍曰：『日進何味？』答曰：『以練鶴一羹，醉貓三餅。』」此名甚為有趣，原來「練鶴羹」是菜羹名，其意為常食此羹，能練得身似鶴形。而「醉貓三餅」，是指用蒔蘿、薄餅所製成的糕餅。由於貓一吃到薄荷就形同醉狀，於是稱「醉貓餅」，真的很有意思。另，史稱強記嗜學，博通經史的陶穀，自號金鑾否人。從其自取的號，即知個性詼諧，喜愛綽號別名，經常別出心裁。他管茄子叫「崑崙紫瓜」；韭菜為「一束金」；石髮為「金毛菜」。且把「蔓菁、萊菔、菠薐」三者，合稱「三無比」。

至於素點專賣店，南宋吳自牧的《夢粱錄》，記載當時杭州市肆所賣者，有「豐糖糕、乳糕、栗糕、鏡面糕、重陽糕、棗糕、乳餅、麩筍絲、假肉饅頭、裹蒸饅頭、菠菜果子饅頭、七寶酸餡、薑糖、辣餡糖餡饅頭、活糖沙餡諸色春繭、仙桃龜兒、包子、點子、諸色油炸素夾兒、油酥餅兒、筍絲麩兒、果子、韵果、七寶包兒等點心」，琳琅滿目，美不勝收，望之食指大動，自然不在話下。

總而言之，經濟造就文明，才有美味可享。宋代國力不振，飽受外族欺凌，但以市面繁榮，加上各族交流，食樣因而翻新，成為中菜一絕。素食不落葷後，獨立自成一派，影響至今不衰，其全面及紮實，不可不謂深遠。

科學醬油在中國

鴛鴦蝴蝶派的名作家徐卓呆，精於體育、戲劇、小說、翻譯、烹飪等，本身詼諧不羈，留不不少佳話，素有「笑匠」、「東方卓別林」之稱。自從夫人湯劍我病逝，續娶華瑞岑為妻。兩位太太都有幫夫運，讓他的事業如日中天。

華瑞岑人很能幹，和卓呆共同研究，製造出科學醬油，滋味甚鮮。起初試製畢，即分送親友。由於需索者眾，往往供不應求，為了限制人數，只好定了價格，做起醬油生意，稱之為「良妻牌」醬油。他和人通信用的信箋，特地請書法家錢瘦鐵題了五個字，叫「妙不可醬油」。

這五個字有玄機，它是「妙不可言」的蛻化語，蓋「鹽」與「言」同音，既不妨有「妙不可鹽」，也借喻「妙不可醬油」，由取笑中做了廣告。此時他的筆名，改稱「醬翁」，又號「賣油郎」。

所謂科學醬油，亦即化學醬油，它起源自日本，盛行京、滬二地。由於工藝簡單，生產週期僅僅一天，用不著太多的場地和設備，只要盤上一個灶，支起一口缸，就可以進行生產，極為便民。其特色為「前店後廠」，一稱「夫妻店」或「連家鋪」，十足是個體小手工業。

它的製作方式，和傳統者不同，乃用鹽酸水解植物性蛋白質，接著用純鹼中和，從而生成一種富含氨基酸的調和液。雖富含氨基酸，比起釀製醬油，缺乏其他成分，只能突出鮮味，少了醬香、酯香。加上化學醬油一旦過熱，易有黏鍋現象，非但不易清洗，而且滋味大打折扣。所以只宜生蘸，不宜烹飪。同時在製作時，一旦使用達不到食用級的鹽酸，並用劣質黃豆，便會留存某些重金屬和氯丙醇，最終導致食用者中毒，甚至可能致癌。

由於「良妻牌醬油」，必用合格鹽酸，同時精選豆料，在進行水解後，產生良質成品，它能大受歡迎，除了名人加持，主要還是品質保證。

傳統釀製醬油，是從豆醬衍生和演進而來。基本上，半固體狀態的豆醬，當它在發酵成熟後，醬汁就會自然瀝出；亦能通過沉澱、自淋，或壓榨等方法，分離提取出醬油。由此可以證明，至遲在兩千多年前的秦漢時期，中國就已普及豆醬和醬油了。而作為調味品，醬油使用方便，逐漸取代豆醬，成為日用常品，不論居家、餐館，幾乎離它不得。

不過，早期的醬油，是叫醬汁、清醬、醬清、豉汁或豆醬清，直到南宋，始出現醬油的稱謂。明代時期，另增加豆油的異稱。清代以後，醬油才是通稱。但而今的閩南話，仍管它叫豆油。

一般而言，為在烹調之中，保留醬油鮮味，應分數次放入，或在菜餚將熟之際再放，避免產生苦味。此外，上佳的傳統醬油，富含酵素，具有化痰壯氣、消食化積、除熱去濕的保健作用。至於這些好處，不拘是科學的或化學的山寨版，肯定付之闕如，談不上營養了。

弄草蒔花亦美饌——野菜、花果

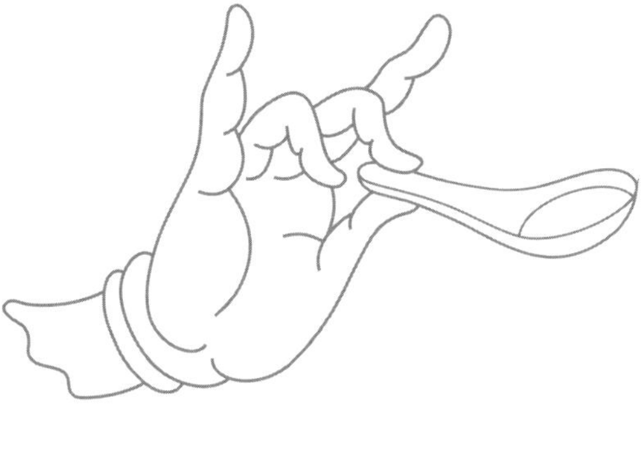

桃饌新奇有佳趣

《詩經》有「桃之夭夭，灼灼其華」及「桃之夭夭，有蕡其實」之句。此一桃華（即花），古人廣為稱頌，但自宋代以後，形象開始改變，甚至稱為「妖客」，明朝更貶以「桃價不堪與牡丹作奴」，並以娼妓喻之，在文人及一般人眼中，已成負面字詞，想來何其無辜！

桃花可以入饌，一般是用來炸，也和梅、菊一樣，熬煮成粥食用。但它帶有貶義，不若梅、菊高潔，在失雅意之下，文人極少著墨。不過桃實（果子）和桃油（膠），卻可製成菜點，後者而今翻紅，嗜其滋味者，已大有人在。

桃實今稱桃子，號稱「瑤池仙品」。以其入饌，不拘冷熱，能登大雅之堂。例如《武林舊事》在描寫清河王張浚供奉宋高宗的御宴中，設有「瓏纏桃條」、「白纏桃條」等果品。另，孔府名饌中，亦設有「桃脯」。以上皆為冷食，如果煮熟來吃，《食在宮廷》所記的清宮點心中，則以「桃羹」最負盛名，且「做法非常簡單」。

作者愛新覺羅・浩指出：這個時令鮮果菜，先將大桃洗淨，去皮、核，放入碗內，用湯匙壓成泥後，在小碗內放入芡粉、白糖和水，用筷子攪勻。接著把豬油（可代以素油）置於鍋內，上火化開後取出。隨即洗淨湯勺，倒入化開豬油，俟熟後，撤湯勺，置配好的碗芡中，再將湯勺上火，傾倒桃泥攪勻，炒至汁濃時盛碗，澆上玫瑰鹵即成。

而在享用之時，冷、熱均可食用。但其製作要領，必須注意火候，一旦出鍋遲了，將失特有風味。

所謂桃膠，即桃或山桃樹皮中分泌出來的樹脂，為半透明的多糖物質，主含半乳糖、鼠李糖等活性成分，用途廣泛。早年在中藥鋪裡，桃膠是藥；而在餐館裡，則成了製作菜餚的食材，食家熊四智在《食之樂》一書中表示：「這也算『醫食同源』的遺風。」倒是一語中的。

作為藥用的桃膠，歷來就受本草學者的重視，蘇恭重加訂注的《唐本草》，說它「味甘苦，平，無毒」。蘇頌所撰述的《圖經本草》認為：桃膠煉服，保中不饑，並介紹「仙方服膠法」，只要照法服用，久服便「身輕不老」。李時珍在《本草綱目》中，亦指出桃膠有「和血益氣」之功，看來它對延緩衰老，有一定的作用。

而在食品工業及醫學工業上，目前桃膠常運用於糕點、麵包、乳製品、巧克力、泡泡糖及糖衣塗層上。其製作甚簡單，夏季用小刀削取桃幹上的膠質物，置豔陽下曬乾，即是桃膠。又，為了行銷效果，在其製作點心時，美其名為「素燕窩」。我吃了很多種，在印象中，光以黑糖汁或薑汁淋其上食用，搭配簡單，吸睛爽口。若論賞心悅目，必以「桃膠果羹」為最，這只甜菜，一度盛行天府，而今風行大江南北。

其在製作時，桃膠入籠蒸軟，再與糖水略燒，接著倒入盛有果脯丁、桔瓣、蜜櫻桃等果料的碗中即成。外表晶瑩透明，呈淡琥珀色，與果羹送口，則滑爽甜香，食之有別趣。我亦嘗過鹹的，蘇州人在春天時，用切碎桃膠，和薺菜、鹹肉末（可改用豆乾）一起煮羹，吃起來挺特別，一食至今難忘。

涼拌白菜一段古

將大白菜切絲，澆淋些許白醋，再灑些花生米，經過均勻細拌，用冷盤來呈現，此即涼拌白菜。不論盛夏酷寒，先上這麼一盤，必能振奮味蕾，我一向喜食此，可惜佳作愈來愈少，無奈感遂油然而生。

其實這道冷菜，最早盛行北方，但流傳至今後，改變原來樣貌，也算食林一奇。原來它的本尊，是用榅桲拌梨絲，起先為就地取材，後來主料不存在，而且有其季節性，於是變個法兒，反而流行更廣，真是不亦怪哉！

以前的酒席，一上來就是四乾（乾果）、四鮮（水果）、四蜜餞，多半擺擺樣子，客人很少取食。終席之後，因榅桲和梨皆現成的，乃製作一盤「榅桲拌梨絲」，食來別有風味。正因梨有季節性，乃用白菜心切絲替代。另，自榅桲之量驟減後，海峽兩岸互別苗頭，各有了替代品，大陸多半改用山楂，台灣則以花生米為之。前者取其酸鮮，後者增益口感，姑不管如何變，只要用心製作，仍是一等一的。

清代潘榮陛的《帝京歲時紀勝》記載〈七月時品〉時，寫道：「山楂種二，京產者小而甜，外來者大而酸，……又有蜜餞榲桲，質似山楂，而香美過之。」可見榲桲不僅可以生食，而且能做蜜餞，滋味絕佳。由於它的香氣濃馥，尚可放在衣櫃內驅蟲，誠妙不可言。

至於「榲桲拌梨絲」的味道如何？散文大家梁實秋在〈饞〉一文中，有個現身說法，云：「我有一位親戚，屬漢軍旗，又窮又饞，一日傍晚，大風雪……他的兒子下班回家，順路市得四只鴨梨，以一只奉其父。父得梨，大喜，當即啃了半只，隨後就披衣戴帽，拿著一只小碗。衝出門外，在風雪交加中不見了人影，他的兒子……追之無及。越一小時，老頭子托著小碗回來了，原來他是要吃『榲桲拌梨絲』！」描繪具體傳神，很能引人入勝。

此一果肉甘甜芳香的榲桲，別名榠楂、木梨，是高八公尺的灌木或小喬木，原產於中亞，是歐洲古老的栽培樹種之一。日人田中靜一所著的《中國食物事典》中，寫道：「據晉、唐、宋代的古文獻記載，榲桲較早經絲綢之路傳入中國，但目前中國的栽培不多。果實有蘋果形、梨形等許多形狀，直徑約三至八公分。果皮黃色，被短茸毛……優良品種可供鮮食。主要用於加工果醬、果凍、乾果。成熟期晚，耐貯藏，所以也是罐頭生產的重要原料。」對其食用及附加價值等敘述，鉅細靡遺，堪稱詳盡。

然而，榲桲卻日漸消失了，有謂其原始生態，現遭到嚴重破壞，有以致之；亦有謂其經濟價值降低，終於自生自滅。總而言之，就是中國北方各地，目前已罕見芳蹤了。

話說回來，今版的涼拌白菜，其重點在用大白菜心，用其葉就失色了，因為心才會細嫩，芳香之氣馥郁。而所澆淋的醋，應以白醋為之，切忌為了色澤，竟用黑醋、紅醋，反而不倫不類；且花生米要脆，過硬或過軟，就非所宜了，如果有異味，將大大失分。此外，它又名「松柏長青」，觀菜名即知各料均需新鮮，食之才會甘美，餘味繞舌不盡。

笑逐顏開無名子

我愛吃無名子，它的別名很多，有「胡榛子」、「阿月」、「阿月渾子」、「必思達」等，但最赫赫有名的，則是「開心果」，逢年過節時，常現其芳蹤，不論是罐頭裝，或者是整包裝，都很受人歡迎，每每一個接一個，非吃到過癮方休。

早在十餘年前，我赴伊朗旅遊，到處有賣此物，覺得不可思議，後來向人請益，始知這玩意兒，原產於古波斯。伊朗為其大產區之一。事實上，這個阿月渾子，遠古的波斯人，即知好好利用，游牧民族備此，才敢放心遠行。它亦是軍需品，多食既能禦寒，而且增強體魄，防止疾病發生，因而驍勇善戰。公元前五世紀，在波希戰爭中，波斯取得勝利，據說即靠吃它，才能扭轉戰局，獲致最後成功。

西方人識其功效，在公元前三世紀。當時，亞歷山大遠征，大軍深入敵境，舉目杳無人煙。由於前無進路，後無糧草接應，面臨危險絕境。他能生存下來，同時保持戰力，說穿了亦不奇怪，原來當地的山區，生滿了無名子樹，茂密並結實纍纍，全軍無不飽啖，終於化險為夷，度過難關。

它在中國落戶，迄今超過千年。唐人段成式在《酉陽雜俎・續集》中，即記載著：「胡榛子、阿月生西國，蕃人言，與胡榛子同樹，一年榛子，二年阿月。」足見他見過此物，但不詳其由來，只是聽異族講其身世。還是明人李時珍引述明白。他先引唐代陳藏器《本草拾異》，云：「阿月渾子生西國諸蕃，與胡榛子同樹。」繼而引徐表《南州記》說：「無名木生嶺南山谷，其實狀若榛子，號無名子，波斯家呼為阿月渾子也。」

講得具體些，胡榛子是透過兩種途徑傳入中國，一是循路上絲路，從西域進入中原；另一是走海上絲路，由波斯經印度，再入兩廣。也就是今日熱門的「一帶一路」。不過，李時珍在《本草綱目》裡，對他見過的植物，會詳載其根、莖、幹、葉、花、果、子，甚至種植方式及開花結果時間等，無不鉅細靡遺。但未曾一見的，只是引用原籍，並不發表意見。準此以觀，他應未見過「無名木及其果實」；亦可反證，當時在中國，開心果並未全面流行。

當下市場最常見到的開心果，出自美國的加州、德州等地，但以加州為品牌，廣泛在兩岸通行。正因其果實硬殼開裂，露出果核，方便食用。而在漢語中，「開心」代表著高興、快樂、幸福等正能量。以此為名，頗為傳神，甚利行銷，它能成為乾貨上品，顯然有個絕佳口彩。

李時珍總結前人經驗，認為開心果的藥用價值甚高，指出：「辛、溫、澀，無毒。主治諸痾，去冷氣，令人肥健，治腰冷，除腎虛弱。」所以，在「房中術多用之」。現代醫學證明，它含油量很高，其油質地極佳，外觀像橄欖油。此外，亦富含維生素A、B、C、E，蛋白質和無機鹽等，對中、老年人及常動腦者，具抗衰老作用，實有莫大助益。難怪波斯國王們，均視它為仙飯，每天吃個幾顆，以求長命百歲。

齊白石長壽祕訣

齊白石苦學出身，終成為一代大師。他在藝術的成就，主要在書、畫、印、詩，可謂具體而全面。曾自己刻兩方印，其一為「不知有漢」，另一為「見賢思齊」。所謂「不知有漢」，就是秦漢人治印，其過人之處，在膽敢獨造，故能超越千古，取得至高成就。而此「見賢思齊」，即在於好學精神。若非勤學和善學，致畫風一變再變，當然無法成其為齊白石了。這「不知有漢」和「見賢思齊」，正如藝術的兩翼，有它們的振翅，才可能飛得高，同時也飛得遠。

由於苦熬出來，必須身強體健。這路崎嶇曲折，除勇猛精進外，還得元氣淋漓。有了此種本錢，在時間淬煉下，時時迸出新意，製造無數話題，自然別有天地，成就藝術偉業。

白石老人長壽，活了近一百歲。特別愛吃花生，有次對人家說：「假使要長生，最好是每天吃生的花生米三次。不要去皮，每次吃五、六顆。」他說完後，便將幾顆花生米，分贈給眾人品嘗。大家吃不慣生花生，又礙於長者顏面，即使嚼了一陣子，還是全吐了出來。他看了只有苦笑，一直搖頭不語。

生命力驚人的齊白石，在耳順之年時，由其太太做主，為他娶個小妾，進門時才十八歲。她生有二子三女，身子不爽，有氣喘病。白石要她常吃生花生米，表示不僅能治氣喘病，而且可以長壽。這位名寶珠的妾，有否治療氣喘病，現在已不得而知。但她四十二歲過世，反而是因難產玉殞。

我亦好花生米，卻從未生食過，不喜歡仁大者，偏愛仁小質鬆，甚至是緊實者。早年甚喜「白沙灣炒土豆」，今則獨鍾金門特產的曬土豆。

早在三、四十年前，初嘗白沙灣現炒現賣的海沙土豆，便對它的小仁皮紅、質鬆而脆，讚不絕口，吃個不停。以後路過該地，或在附近的十八王公廟前，以及石門風景區內，但見便買，出手大方，常隨剝隨吃，亦饋贈親朋，每眾口交譽。此尤物雖佳，無奈火氣大，不敢太放肆，以免找罪受。

早在二十年前，嘗到金門土豆，外表樸實無華，而且乾癟仁硬，望之無精打采，好似寸斷枯木，但是一到嘴裡，愈嚼愈來勁兒，或卡崩地響，或作裂帛聲，但奇妙的是，一旦上了口，居然停不下。它可獨自品賞，也可數人共享，此時佐以白乾，小酌飲個兩杯，滋味無窮無盡，實為一大享受。

此種金門花生，採摘豆莢下來，置灶上大鍋內，放些鹽和八角，再注水於其內，柴火慢慢煮熟，接著烈日曝曬，愈乾愈不易壞。以前是窮人零嘴，今則需重金蒐購。近日蒙當地名流楊永斌、李台山見贈，食來蘊藉有味，即使吃到齒疼，依舊手癢難耐，直吃到咬不動方休。

齊白石最為世俗所知的理論，乃「不似之似」；意謂：「太似為媚俗，不似為欺世」。花生米的滋味，堪稱包羅萬象，唯獨金門花生，達到此一境界，是以特別愛吃，每一得即欣喜。權在此野人獻曝，願大家都能品享。

我愛玫瑰滋味長

在求學的這段期間，看了很多西方的戲曲小說，自然包括不少電影在內。這些刻畫和場景，少不得出現玫瑰，不免自然而然地，以為它來自西方。以後見識日增，才知大謬不然。中土老早就有，不但分得精細，名稱也不統一，像荼蘼、薔薇等（外國一律稱Rose）。而且在南方多稱為玫瑰，北方則叫做月季。不過，這不礙其始終存在。畢竟，莎士比亞有句名言：「姓名有什麼意義呢？那種叫做玫瑰的花，換了一個名字，也是一樣的芬芳。」

細究其中區分，以往的中國人，認為玫瑰只有紅、白兩色，其他雜色的花，一律都叫月季。還是南宋詩人楊萬里在〈詠玫瑰詩〉中說得好，云：「非關月季姓名同，不與薔薇譜牒通；接葉連枝千萬綠，一花兩色淺深紅。」

早在西漢時，中土的薔薇已經盛開。漢武帝曾指著薔薇對寵姬麗娟說：「此花絕勝佳人笑也。」而從六朝到唐宋，歌詠薔薇、玫瑰的詩不少，且從各個角度切入，充滿絕妙好詩，如簡文帝云：「氤氳不肯去，還來階上香」，即描寫庭院的香氣經久不散；唐彥謙云：「無力春煙裡，多愁暮雨中，不知何事意，深淺兩般紅。」狀其姿態和色彩；黃庭堅云：「漢宮嬌額半塗黃，入骨濃薰賈女香，日色漸遲風力細，倚欄偷舞白霓裳。」明顯是詠黃、白玫瑰；而針對玫瑰四時花開著墨的，則以韓琦的「何似此花榮豔足，四時長放淺深紅」及蘇軾的「花落花開無間斷，春來春去不相關」的詩句，最為膾炙人口。

清代玫瑰產地中，以蘇、杭兩地為良。是以鄭肖岩說：「玫瑰花唯蘇州所產者，色香具足。」曹炳章則指出：「玫瑰花產杭州筧橋者，花瓣紫紅，花萼青綠色，氣芬芳甚濃，最佳。產湖州者，色紫淡或黃紅色，朵長，蒂綠黃色，且有小點，香味次之。產蕭山、龕山者，桃紅色，味淡香而濁，受潮極易變色，為最次。」

玫瑰在藥用方面，明人李時珍的《本草綱目》表示：「氣味甘溫，無毒，主治活血、消腫、解毒。」當時普遍栽植，不僅為了觀賞，還用來治病、窨茶、釀酒。到了清代時，王孟英在《隨息居飲食譜》中，亦認為：「玫瑰花，甘溫辛，調中活血，舒鬱結，辟穢和肝。蒸露（指製香水）薰茶，糖收作餡，浸油澤髮，烘粉悅顏，釀酒亦佳，可消乳癖。」由上觀之，其功用誠大矣哉！

又，在食用方面，玫瑰多充作點心。清代的《食憲鴻秘》中，記有「玫瑰餅」。云：「玫瑰搗去汁，用滓（即花泥）入白糖，模餅。」，而《調鼎集》的作法則是：「整朵裝盒，捶爛，去汁用渣，入洋糖，印小餅。」該書另有「玫瑰捲酥」、「玫瑰糕」及「玫瑰粉餃」等吃食。後者甚有意思，其法為：「玫瑰膏和豆粉作餃，包脂油、洋糖。」

江蘇無錫人所製的「玫瑰香蒸餃」，堪稱一絕。它在製作時，先用澄粉擀成薄皮，包入乾的玫瑰花瓣，蜂蜜及核桃末所拌成的內餡，再上籠蒸透即成。飲食名家唐魯孫，形容其美妙處，在於「大不逾寸，澄粉晶瑩，隱透軟紅，沁人心魂」，望之不覺津液汩汩自兩頰出矣。

採菊東籬發食興

當我年輕時，喜讀陶淵明的〈五柳先生傳〉，文中的「好讀書，不求甚解；每有會意，便欣然忘食」，尤對我的脾性，通篇可以成誦。此外，〈飲酒〉詩第五首的「採菊東籬下，悠然見南山」，恬淡適意，令人神往。我比較好奇的是，他老人家採下來的菊花，是直接食用，還是用來釀酒？畢竟，「性嗜酒」的他，怎會放過此一尤物？

中國人吃菊花，歷史相當悠久，始見屈原〈離騷〉，云：「朝飲木蘭之墜露兮，夕餐秋菊之落英。」他在〈九章〉亦寫道：「播江離與滋菊兮，願春日以為糗芳。」此句的意思為：播江離，蒔香菊，採之為糧，以供春日之食。（按：糗是用米粉和麥粉混合而製成的乾糧。）

到了三國魏時，鍾會有賦，稱菊有五美，云：「黃花高懸准天極也，純黃不雜后土色也，早植晚登君子德也，冒霜吐穎直也，流中輕體神仙食也。」而這等「神仙食」，當然是食用菊，也就是陶弘景在《抱朴子》所稱的「真菊」，劉蒙則在《菊譜》中，謂其為「甘菊，一名家菊，人家種以供蔬茹……葉淡綠柔瑩」，其具體狀貌，《三才圖會》進一步指出，乃「莖紫氣香味甘，花深黃，單葉，葉有粥膜衣者為真」。又，有一種紫菊，亦能供食用。

吃菊花的好處不少，像中國第一部藥書《神農本草經》中，便將甘菊花列入上品，說它「主諸風，頭眩腫痛……久服利血氣，輕身，耐老，延年」。它因而博得「長生藥」之說。至於其效驗，葛洪《神仙傳》記載著：「康風子服甘菊花、桐實，後得仙。」；王嘉的《拾遺記》則曰：「背明國有紫菊，謂之日精，一莖一蔓，延及數畝。味甘，食者至老不饑渴。」簡直太神奇了。

關於如何吃菊花，古人主要是生吃或製餅，亦能製作羹、飯，當然也可釀酒、點茶。生食之法，首見屈原〈離騷〉。在晉人傅玄之賦中，稱之為「揉以玉英，納以朱唇」，《菊譜》謂「咀嚼香味俱勝」，故明人謝肇淛的《五雜俎》才說：「古今餐菊者多生咀之」，它的效果明顯，傅宏極為推崇，指出：「服之者長壽，食之者通神。」

菊花製成糕餅，出自屈原〈九章〉。《三才圖會》稱：「取花作糕……佳。」清人朱彝尊《食憲鴻秘》的「菊餅」項下，云：「黄甘菊去蒂，搗，去汁，白糖和勻，印餅。」而同時期的《調鼎集》，其「菊花餅」作法雷同，稱：「菊取花瓣搗爛，擠乾，洋糖拌勻，再搗印餅。」另，《仙經》亦有記載：「或用淨花，拌糖霜搗成膏餅食。」從其內容觀之，以上均為甜餡，適合佐飲菊花茶。

在製羹方面，司馬光有〈晚食菊羹〉詩，未詳其作法。不過，林洪《山家清供》所記的「金飯」，倒是寫得一清二楚，云：「采紫莖黃色正菊英，以甘草湯和鹽少許焯過。候粟飯少熟，投之同煮。」至於其妙用，則是「久食，可以明目延年」。諸君如有興趣，可以依法製作。

就我個人而言，最想一嘗為快的，乃《調鼎集》所載的「藏菊」，其作法為：「鮮冬瓜切去蓋，藏菊朵於瓤內，仍蓋好，放稻草中煨之。」看起來挺費工，風味應臻絕妙。

梅花三弄有別趣

清人顧仲的《養小錄》中，裡面有一章，題為〈群芳譜〉，內容引人入勝，以吃花為主軸，旁及苗、葉、根等，算是別開生面。他在題綱寫道：「凡諸花及苗、葉根與諸野菜、藥草，佳品甚繁。採須潔淨，去枯蛀蟲絲（絲指的是花草中的筋絲，口感不佳，人罕食用），勿誤食。製須得法，或煮或烹，燔炙、醃、炸。」

接著他又指出：「凡花葉採得洗淨，滾湯一焯即起，亟（急）入冷水漂半刻，摶（同團，此處指將焯過的花、葉、菜，用手團起來，捏乾）乾拌供，則色青翠，脆嫩不爛。」而在梅花方面，其法為：「將開者，微鹽拿（指拌）過，蜜浸，點茶（即放一些在茶裡）。」食法新穎別致，頗能耐人尋味。

無獨有偶的是，南宋人林洪在《山家清供》一書內，亦提供三則以梅命名的美味，一為用梅花製作，一為似梅花味道，一為具梅花形狀。三者環環相扣，真是精彩萬分。

其一為「梅粥」。其作法極簡單，但雪水難羅致，能用泉水即佳，精潔的水亦可。其法為：「掃落梅英（即花），撿淨洗之，用雪水同上白米煮粥。候熟，入英同煮。」，並引當時四大詩人之一楊萬里的〈寒食梅粥〉詩句，詩云：「才看臘後得春饒，愁見風前作雪飄。脫蕊收將熬粥吃，落英仍好當香燒。」明人高濂遂在其《遵生八箋》中收錄，但文字略有不同，寫得亦較詳盡。曰：「收落梅花瓣，淨用雪冰水，煮粥，候粥熟，將梅瓣下鍋，一滾即起食。」

其實，「梅花粥」雖然易煮，但總結前人經驗，最好不用落英，而是選含苞未放、萼綠花白、氣味清香者為佳，且在煮熟之後，就空腹溫熱服，效果最為顯著。

「梅花粥」也可當成藥膳。因為《百草鏡》認為：梅花「清香，開胃散鬱，煮粥食，助清陽之氣上升。」《老老恒言》則提及：「『梅花粥』治諸瘡毒。梅花淩寒而綻，將春而芳，得造化生氣之先，香帶辣性，非純寒，粥熟加入。」

其二為「梅花脯」。原來是把「山栗、橄欖薄切，同食，有梅花風韻，因名『梅花脯』。」此山栗乃栗的一種。子實較板栗稍小，可食，十分甘甜。橄欖又叫青果，果實尚帶青綠色，即可供鮮食，初吃味澀，久嚼而甜，餘味無窮。把這兩者切成薄片，再一起食用，有梅花風韻，設想甚奇特，命名為「梅花脯」，充滿想像空間。

其三為「梅花湯餅」。這裡的湯餅，指的是餛飩皮。但凡食物要引人入勝，除色、香、味外，形也要出眾，才矯矯不群。此湯餅是由福建泉州的高人製作出來的。其要領為：「初浸白梅、檀香末水，和麵作餛飩皮。每一疊用五分鐵鑿如梅花樣者，鑿取之，候煮熟，乃過乾於雞（可用蕈替代）清汁內，每客止二百餘花可想。」亦即以餛飩皮作梅花狀，既馨香，又雅致，每位客人吃兩百多片。其造型之美，真無以上之。故留元剛有詩讚云：「恍如孤山下，飛玉浮西湖。」一食而不忘梅，不愧神來之筆。

這三款梅饌，皆不同凡品。或可以養生，或取其風韻，或趣由精工，足見心思玲瓏，必能迭出妙味。

富貴花開有勝境

家中懸一牡丹畫，為父執輩所繪，他雅擅丹青，尤精於牡丹，在其點染下，朵朵皆生動，非常地耐看。我望了數十年，現雖不復存在，但深烙腦海中。畫上面的題字，則是「富貴花開」。一直到了洛陽，我才見到真正的牡丹花，想不到它還能吃，而且自古即然。

據牡丹的研究者說，野生牡丹原產於中國，以川、陝、滇、藏等西南、西北各地，為其自然分布區。書畫名家黃苗子在《茶酒閒聊》一書中表示：「我於一九五七年後，在黑龍江省牡丹江的完達山下，卻發現滿山遍野都是牡丹，這種野生牡丹甚似芍藥，多草本，多單瓣，多淡紅色。（按：牡丹江源出長白山脈牡丹嶺，可見原始的牡丹，東北是發祥地之一。）」

牡丹之名，始見於《謝靈運集》。詩云：「竹間水際多牡丹。」由此可見，南北朝就有牡丹。另，隋煬帝闢地二百里充作西苑，詔天下進名花。「易州（今河北省易縣）進二十相牡丹」（見《海山記》）。這說明中國人工培植牡丹，至少有一千三百年。黃苗子因而認為：「牡丹最早的產地，可能是關外的黑龍江南移至河北的。」

美麗的牡丹花，為芍藥屬小灌木，別名甚多，有鹿韭、木芍藥、花王、洛陽花、國色天香、富貴花等。花瓣可食用，根則供藥用。洛陽牡丹之所以特佳，一說是武則天擊鼓催花，牡丹偏偏後開，武后因而大怒，把它貶到洛陽。或許適合生長，牡丹得天獨厚，遂有歐陽修「洛陽地脈花最宜，牡丹尤為天下奇」的名句。

花大色豔的牡丹，發展至宋代時，已有百餘個品種。其中，尤以「姚黃」、「魏紫」二品，最為豔冠群芳，分別被譽為牡丹中的「花王」與「花后」。而今，洛陽的牡丹，已延伸到三百多種，色多形美，奼紫嫣紅，珍奇異常。

而「自李唐來，世人多愛牡丹」，唐代又是一個詩的時代，詠牡丹於是大量在唐詩中出現。若論最有名的，莫過於李白「清平調」，這三首七言絕句，裡面的佳句甚多，如「一枝穠豔露凝香」、「名花傾國兩相歡」等是。其妙尤在三詩一貫，花就是人，人就是花，遂成千古絕唱。

當白居易卜居洛陽時，曾以「一叢深色花，十戶中人賦」，形容牡丹昂貴。然而，時人仍趨之若鶩，接著便有「帝城春欲暮，喧喧車馬度。共道牡丹時，相隨買花去」的詩句，來形容爭買盛況。

此外，一代女皇在春暖花開時遊園，見百花盛開，聞滿園花香，一時「龍」心大悅，隨令宮女採集百花，再製作成「百花糕」，賜給群臣享用，雖為即興演出，其中必有牡丹，此舉大大地豐富中國飲食內涵，平添食林一段佳話。

在林洪的《山家清供》內，載：「憲聖（即憲聖皇后，吳氏，為宋高宗趙構的第二任皇后）喜清儉，不嗜殺，每令後苑進生菜，必採牡丹瓣和之。或用微麵裹，炸之以酥。」又，《養小錄》的「牡丹花瓣」項下，認為「湯焯可，蜜浸可……」而焯之法，為「滾湯一焯即起，亟（急）入冷水漂半刻，搏（即團）乾半供」。以此運用於素食上，可謂食法多元，頗足吾人取法。

藤蘿花餅難忘懷

早年曾讀名作家劉心武的〈藤蘿花餅〉一文，裡面寫道：「高大娘家門前，有一架紫藤，每到夏初，紫藤盛開時，她就會摘下一些紫藤花，精心製作一批藤蘿花餅，分送院內鄰居。當年我是最饞那餅的，高大娘在小廚房裡烘製時，我會久久地守在一旁，頭一鍋餅出來，她便會立即取出一個，放在碟子裡給我，笑咪咪地說：『先吹吹，別燙了嘴！』」字裡行間，承載著美味的記憶，以及那滿滿的人情味。

如此的場景，已故食家唐魯孫亦有著墨，指出老家有株老藤樹，樹齡已逾百，春天開花時，紫藤花滿樹，他的老母親，會摘下帶露的花朵，製成藤蘿餅，供家人大快朵頤。足見老北京人，對此餅的美味，念茲在茲，畢生難忘。

有關紫藤的記載，最早見於《山海經》及《爾雅》，而描寫最詳盡的，則出自《花經》，云：「紫藤緣木而上，條蔓糾結，與樹連理，瞻彼屈曲蜿蜒之狀，有若蛟龍出沒於波濤間；仲春著花，披垂搖曳，宛如瓔珞坐臥其下，渾可忘世。」摹狀寫神，著實精彩。

蘇州的「拙政園」門前，有棵巨大紫藤，相傳為文徵明手植，香遠氣清，中人欲醉，頗有著他在書畫上的情調。但蘇州的紫藤，我個人獨鍾「南園賓館」庭內的那株，枝幹盤曲，當春繁花如錦，紫雲蓋天，盤桓花下，微香入鼻，令我神智一清，時見落花盈庭，蜂蝶來去，借句書畫名家黃苗子的話，「有如讀白石老人的畫，如醉如懸，參得一時清靜禪也」。

偶讀錢新祖的文章〈公案、紫藤與非理性〉，文中指出：「紫藤也叫葛藤，因為它的枝幹，都繚繞不清地互相糾纏著，所以《禪宗語錄》中，『葛藤』是唐、宋人常見的口頭語，例如『有句無句，如藤倚樹』，便是宋朝的圓悟禪師給弟子參禪的一則公案。」

又，《出曜經》上寫道：「其有眾生墮愛網者，必敗正途，猶如葛藤纏樹，至未遍則樹枯。」由於佛戒「貪、嗔、癡、愛」，所以，「墮入愛網」者，就像紫藤纏繞的樹一樣，比喻煩惱至終。而此「愛」，不單狹義的指男女愛情，凡任何執著愛好，只要入迷，皆屬之。結果必葛藤往身上纏，最終不外是煩惱一場，導致一切皆空。

「藤蘿餅」的製作，顧仲的《養小錄》及高濂的《飲饌服食箋》上均有記載，文字略有出入，今從《養小錄》。其「藤花」條下云：「搓洗乾，鹽湯、酒拌勻，蒸熟，曬乾。留作食餡子甚美。腥（即葷）用亦佳。」究竟如何好法，我倒沒有吃過。有人說是「花有柔香，襲人欲醉」，恐係想像之詞。

唐宰相李德裕，曾詠〈憶紫藤〉一詩，云：「遙聞碧潭上，春晚紫藤開。水似晨霞照，林疑彩鳳來。清香凝島嶼，繁豔映莓苔。金谷如相並，應將錦帳回。」將其美比喻成晨霞及彩鳳，別開生面，挺有意思。

日本人吃紫藤花，注重原形呈現，或略漬生食；或插在豆腐上，作成「藤豆腐」；或撒在「散壽司」上，既聞馨香，亦品美味。這些我都試過，若論其滋味，那可是「別有一番滋味上心頭」哩！

生煸草頭春氣息

在春暖花開時節，我最愛的野蔬，非草頭莫屬，尤其在生煸後，翠綠帶爽，鮮嫩異常。可惜這門絕活，離開了上海市，就很難吃到口，最近在上海的「聽菜館」嘗到此一尤物，至今回想起來，居然無時或忘。

基本上，植物的嫩葉，大多生長在莖或枝的頂端，因而在吳方言中，凡嫩葉或嫩芽，都可以叫做「頭」。而此所謂草頭，乃苜蓿的嫩葉。苜蓿葉片歧生，即由三片小葉組成複葉，故亦稱「盤歧頭」。又，它開金色小花，別名為「黃花菜」。究其實，原產地在歐洲，多充牲畜飼料的苜蓿，據《史記・大宛列傳》的記載：「俗嗜酒，馬嗜苜蓿，漢使取其實來，於是始種苜蓿。」可見將苜蓿種引入中土的，乃漢朝的使臣。本不詳其姓名，但《述異記》直接點出：「張騫苜蓿園在今洛中，苜蓿本胡中菜，騫始於西國得之。」奇妙的是，它初春抽芽時，人們採摘而食，等到時間一過，嫩葉變老菜皮，由於不堪食用，遂當成馬飼料了。

南宋林洪《山家清供》一書內，記載了一個吃苜蓿的故事，題為「苜蓿盤」，很有意思。原來唐玄宗開元年間，東宮（太子所居之地）的官員們，生活清淡，沒啥油水。時任左庶子薛令之（字君珍，號明月先生，乃福建第一個考上進士者），有感而撰詩，云：「朝日上團團，照見先生盤。盤中何所有？苜蓿長闌干。飯澀匙難滑，羹稀箸易寬。以此謀朝夕，何由保歲寒？」皇帝到了東宮，遂題詩於其旁，寫著：「若嫌松桂寒，任逐桑榆暖。」令之見此二句，知道天子譏誚，心中惶恐不已，馬上辭職歸鄉。

同為福建人的林洪，未知苜蓿為何物，後因特殊機緣，得其種子及種法，當然包括吃法，於是寫道：「其葉綠紫而灰，長或丈餘。採，用湯焯，油炒，薑、鹽隨意，作羹茹（即食）之，皆為風味。」

末了，林洪發表觀點，聲援同鄉先賢。說：「這東西不差呀！何以薛令之如此厭苦？能任東宮官僚，皆為一時之選，而在唐朝時，賢士見於篇章，一般都是左遷（即降職調動），令之以詩寄情，恐怕不在此盤（指苜蓿盤），而在不太得志，乃興『食無味』（按：出自《詩經．秦風．權輿》，『今也每食無餘』，指無多餘食物）。玄宗貴為天子，竟然用詩諷刺，實在很不厚道。」代發不平之鳴。

以苜蓿入饌，古人常做羹湯，近則風行炒食。當初春抽芽長葉時，人們每摘嫩葉為蔬，上海名菜「生煸草頭」（又名「酒香草頭」）即是。做法不算困難，卻窺廚師手藝。其法：先將草頭洗淨，入沸水略滾即撈起，瀝乾；炒鍋內置豬油（可以花生油、苦茶油替代）少許，再把草頭入鍋，加入適量鹽、糖，於起鍋之際，噴白酒即成。但見色澤碧綠，食味嫩而清鮮，頗能適口充腸。

草頭醃漬後，即醃金花菜，是下飯好物，亦能解饞，人稱「不鹹不淡製得鮮……喜咬菜根味」。

此物尚有食療功效。據《本草綱目》記載：「苜蓿……利五臟，輕身健人，洗去脾胃間邪惡氣，通小腸諸惡熱毒。」勸君多採食，好處莫大焉。

窈窕淑女採野蓮

約四十年前，初讀《詩經》時，即對第一首裡的荇菜，引發一些聯想。因為這荇菜，為何參差不齊？先是順水流動，接著逐一採摘，最後挑選完成，均出淑女之手。而注解書上的解釋，每語焉不詳，有看沒有懂。直到三十年前，有次前往美濃，不僅見其身影，而且品其滋味，終於撥雲見日，一窺其奧妙處。

美濃位於高雄市，居民多為客家人，以生產菸葉聞名。但據故老相傳，約當清代末年，當地的祖先們，從家鄉移民時，帶來一種野菜，植於一湖泊中（現稱為中正湖）。水草茂密豐美，食之耐嚼且鮮，成為野蔬來源，由於外表像蓮，遂稱為「野蓮仔」。起初極為罕見，食客爭相宣傳，終成美濃特產。早年既來到美濃，不嘗嘗此野蓮仔，有空入寶山之歎。

其實，這野蓮仔說穿了，就是荇菜。見於《詩經・周南》，其地在今陝西。它是龍膽科水生多年生草本植物，莖多分枝，沉入水中，生長許多不定根。上半部的葉對生，其餘部分互生，葉近於圓形，飄浮水面上；葉柄細長而柔軟，基部變寬抱莖。花的色澤金黃，開時「彌覆頃畝」，在陽光照射下，每見泛光如金，亦有花小而冠白者，稱之為小莕菜。廣泛分布於中國南北各省，以及日本、韓國和俄羅斯等國，生育於池塘及水流緩慢的溪河中。是以在台灣得見此菜，也就不足為奇了。

荇菜而今通稱莕菜。此說法出自《爾雅》的注疏。其疏指出：「叢生水中，葉圓在莖端，長短隨水深淺，江東食之。」短短幾句，描繪傳神。只是享受其美味者，豈江東（即今江南）人士而已？

至於〈周南・關雎〉篇之「參差荇菜」，說明女子在河邊採荇菜，引發男子的思慕。而當時採收水生野菜，不像今日這般，可以隨興任為，尚有階級之分，並有所謂的「后妃采荇，諸侯夫人采蘩，大夫妻采蘋藻」之語。而這些女子採來的荇菜，當作野蔬食用，嘗其細嫩莖、葉，吃法則是用米粒煮羹，享其脆嫩滑柔。

荇菜雖四季可食，但冬春之際，陽光微弱，葉片較黃，莖部較老，口感略遜。一旦到了夏秋兩季，日照充足，葉片轉綠，嚼之脆嫩，誘人饞涎。此外，它的根在水底，亦有特別用法，《爾雅・注》即云：「與水深淺等，大如釵股，上青下白，鬻其白莖，以苦酒浸之，肥美，可案酒也。」顯然是個不錯的下酒菜。

以往在中正湖畔淺水處，一人腿深左右，即能探手採摘。湖中心深丈餘，唯有撐起竹筏，從筏上躍水裡，潛入湖底淤泥，撈起整叢野蓮，有它個三、五叢，即夠一家食用。後來水質惡化，野蓮逐漸消失，乃移植至它處，仍種農家池塘，作零星的栽培。目前種植已多，也不再是野蔬，人們便改其名，管它叫做「水蓮」。

水蓮在食用前，需在水中揉搓，既除去草菁味，亦助莖部軟化，然後切段下鍋，先川燙再冰鎮，涼拌即是美味。如果選擇快炒，可選用薑絲、鳳梨、豆豉、蒜片等佐味。我個人偏好後者，其色翠白相間，其味馨香帶脆，值此炎炎夏日，真是消暑雋品。

馬蘭豆乾逸清芳

明代高郵人王磐，字鴻漸，號西樓，是位散曲作家，與陳大聲齊名，並稱「南曲之冠」，其作品集為《西樓樂府》。王除了散曲外，另著有《野菜譜》，收野菜五十二種，春天長的馬蘭（或作攔），即為其中之一。

這本《野菜譜》的特色，為上圖下文。圖為此野菜的樣子，文則簡單描繪其生長季節和吃法。文後皆繫有一詩，是近似謠曲的小樂府，大半是借題發揮，以野菜之名起興，都寫些人民疾苦。比方說，寫到馬蘭頭時，云：「馬攔頭，攔路生，我為拔之容馬行。只恐救荒人出城，騎馬直到破柴荊。」

馬蘭，以嫩芽供饌，故叫做蘭頭。早春即盛開，可一直採到初秋開花時分。它屬菊科植物，帶有菊葉之香，香氣淡而不薄，卻有「惡草」之名。此出自漢人東方朔《七諫·沉江》篇的「馬蘭踸踔而日加」，文中所謂「踸踔」，原注為「暴長貌」，意為生長極速。如此繁茂現象，當然有礙其他香草的成長，由於香草比喻君子，它自然是惡草了，是以唐人陳藏器才會說「以惡草喻惡人」。

對馬蘭讚頌不絕的詩歌，乃明人的一首五言古風，詩云：「馬蘭不擇地，叢生遍原麓。碧葉綠紫莖，二月春雨足。呼兒競採擷，盈筐更盈掬。微湯湧蟹眼，辛去甘自復。吳鹽點輕膏，異器共爨熟。物儉人不爭，因得騁所欲。不聞膠西守，飽餐賦杞菊。洵美草木滋，可以廢粱肉。」

此詩從馬蘭的形狀、生態、採集，一直到烹飪、滋味、評價，乃至感慨，句句皆實話，無虛誇之詞。詩只是一般，能一一呈現並產生共鳴，已難能可貴。

馬蘭的別名甚多，因地而異，有雞兒腸、一枝香、路（田）邊菊、紅管藥、竹節草、蟛蜞菊、階前菊、紫菊、蓑衣蓮、紅梗菜、野蘭菊等，甚至有叫泥鰍串（或菊）者。而最特別的，則是「十家香」，此名出自袁枚的《隨園詩話補遺》，寫道：「江研香司馬攝上海篆（掌印）。臨去，同官餞別江滸。村童以馬攔頭獻。某守備賦詩云：『欲識黎民攀戀意，村民爭獻馬攔頭。』馬攔頭者，野菜名，京師所謂『十家香』也……」。

以馬蘭頭入饌，常用於素炒。由於是嫩芽，不可長時間加熱，炒也得急火快炒，否則色、香、味盡失。即使有些夾生，也勝過火多矣。如果做成素湯，可先製作豆腐湯或黃豆芽湯，當快起鍋之時，把洗淨的馬蘭頭入鍋略汆，待它色呈翠綠，尚未綿軟之際，立刻盛碗供食，滋味甚好。

清人王孟英的《隨息居飲食譜》記載著：馬蘭「嫩者可茹，可菹，可餡，蔬中佳品」。《隨園食單》謂：「馬蘭頭菜，摘取嫩者，醋合筍拌食。油膩後食之，可以醒脾。」此外，它也可炸來吃，例如《救荒本草》云：「采嫩苗葉，炸熟，新汲水浸去辛味，淘洗淨，油、鹽調食。」

我特愛品嘗台北「榮榮園餐廳」的「馬蘭頭拌豆乾」一味。將豆腐乾及馬蘭頭二者，均切得極碎，再把這些細丁子，用好麻油一拌即成。色黃中帶翠，聞之有清香。臨吃之時，以匙取用，直接送嘴裡，略咀嚼即嚥，馨香盈唇齒。以此當前菜，誠開胃雋品。

黃精入饌有別趣

壬辰年（二〇一二年）仲秋，我走訪洛陽，來到白雲山，此山頗壯美，景致甚幽緲。第一個晚上，便吃農家菜，店名有意思，叫「三哥三嫂的店」，應是以輩分命名。菜有涼、熱之分，皆為山產野蔬。其中的涼菜，分別為石芥菜及涼拌黃精。前者以芥末略醃，嚼之會衝鼻；後者則微辣帶苦，均足以提神，置身山嵐中，清風習習吹，彷彿在仙境。

黃精為多年生草本植物，仙家以為它是芝草之精萃，得坤土之精華，故稱它為黃精。其別名甚多，如仙人餘糧、白芨、葳蕤、鹿竹、救窮草或救荒草等。藥用部分為塊根，其正宗者味道純甜，纖維質略多；有的味略辛，甚至帶點苦，質地稍粗糙。我所嘗到的，顯然是其苗，並未得正韻。

其葉片脆綠如竹，可供觀賞。每到夏季，開淡綠色、古鐘型而下垂的花；根為黃褐色，大片長一起，似乎會走串，模樣挺可愛。可成擔挑回，用清水略煮，以富含澱粉，食來帶甜味，不僅能充饑，且可健筋骨，但不好消化。

關於黃精的補益，見之於西晉嵇康的〈與山巨源絕交書〉，云：「又聞道士遺言，餌術黃精，令人久壽，意甚信之。」另，詩聖杜甫對它亦頗推崇，在〈丈人山〉一詩，即有「掃除白髮黃精在，君看他時冰雪容」之句。中醫認為它具有補氣養陰、健脾、潤肺、益腎等功效，只要適當服用，確有延緩衰老，改善頭暈、腰膝酸軟、鬚髮早白等早衰現象的功效。是以民間亦有「要想不衰老，黃精最可靠」的諺語。顯然這個「芝草之精」，藥效卓著可信。

黃精如何食用？參考以往食書，發現南宋人林洪在《山家清供》一書內，提出三種吃法，分別是吃菜苗與食其根。菜苗要如何吃？說得語焉不詳，僅指出：「采苗，可為菜茹」，即充菜蔬食用。或許這就是我在洛陽白雲山所吃的涼拌黃精。而要吃黃精根，倒有兩種方式，做起來很費工，諸君如有興趣，為達養生目的，不妨依式製作。

第一法是在仲春時，也就是陽曆三月天，來到深山野外，入土深掘其根，經過九蒸九曬，接著將它搗爛，其狀黏稠，有如飴糖，可當點心享用。

第二法則難多了，望之手法挺繁複。取一石左右的黃精，逐個細切成絲，接著用二石五升的水，煮去其苦味後，隨即裝入絹袋中，先將它濾汁，澄清其雜質，再煎成膏狀。最後與黑豆、黃米一起炒過，製作成兩寸大的餅，妥當收藏。家裡來了客人，給他服食兩枚，以盡地主之誼。看來此法甚佳，自用請客均宜，能收補益效果。

現代人嫌麻煩，想要速收成效，可用黃精的根，或燉湯，或泡酒。如果鮮品難得，也可去中藥鋪，買曬乾的黃精，先洗去泥土，用水泡至軟，加葷料（如雞肉、排骨）燉湯，或直接泡酒，若論其療效，或許差無幾。

山海珍味皆無遺——筍、菇與海物

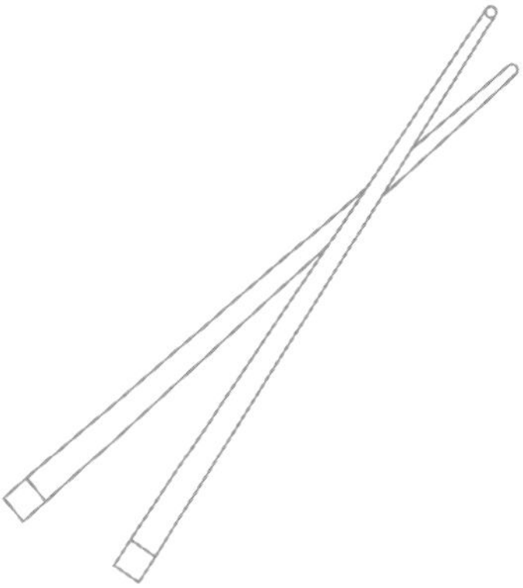

筍乾美稱素火腿

散文名家周作人，在《書房一角》引用清人王漁洋《香祖筆記》卷六，寫道：「越中筍脯俗名『素火腿』，食之有肉味，甚腴，京師極難致。」他接著表示：「所謂筍脯，只簡單的稱筍乾，不聞有何別名，或是人所錫（即賜）與之佳名歟，亦未可知。」

其實，他此言差矣！在清人袁枚的《隨園食單》和童岳薦的《調鼎集》中，皆有「素火腿」的記載，內容倒是一樣，表明：「處州（今浙江麗水縣一帶）筍脯號『素火腿』，即處片也。久之太硬，不如買毛筍，自烘之為妙。」顯然要吃美味，必須自力救濟。

文中的毛筍，即毛竹筍。清代名醫王孟英在《隨息居飲食譜》中記載著：「毛竹筍，味尤重，必現掘而肥大極嫩，墜地即碎者佳。」另，近人吳海峰的《評註飲食譜》裡，更進一步說明：「毛筍為粗枝毛竹之幼芽，筍形較淡竹筍為碩大，時期亦較遲晚，其盛產時，約在春末夏初，大者每顆可十餘斤，筍籜有毛，故名毛筍。其肉比淡竹所茁之春筍為軟嫩，內含酵素甚多，呈強鹼性，胃虛者不宜多食。……毛筍顆大，除少數供鮮食外，多數均曬作筍乾片而可久藏。南貨鋪中出售之漉筍乾片，為春節做年菜之配件。食用時，須先水浸數日令軟，然後切成細絲，與豬肉同煮。素食者可與豆腐皮同食。」對其具形狀、食法，可謂道之甚詳。

而與毛筍同為大宗的，則是淡竹，主產於天目山。《調鼎集》另謂：「筍脯出處最多，以家園所烘為第一。鮮筍加鹽煮熟，上籃烘之。須晝夜環看，稍不旺則餿矣。用清醬者色微黑，春筍、冬筍皆可為之。又搖標筍新抽旁枝，細芽入鹽湯略焯，烘乾味更鮮。」文中的新抽旁枝，就是鞭筍。此是夏季長在竹子根旁的嫩芽，此筍尚未出土，每一竹根之上，僅有幾寸鮮嫩的鞭筍，滋味極為鮮美，產量少而價昂。在杭州地區，其所製筍乾，稱之為扁尖，乃採用竹筍旁透發出來的細嫩筍條，加適量鹽漬，烘乾或曬乾即成。最為幼嫩，能透鮮味，食之開胃。

好的天目筍，非常珍貴，以「清鮮蓋世」、「甲於果蔬」著稱。據胡禮謙《湖州府志》的記載：「天目出筍乾，其色綠。聞其煮法，旋湯使急轉，下筍再不犯器（掀鍋），即綠矣。」而此一尤物，多出售外地。《隨園食單》指出：「天目筍多在蘇州發賣，其簍中蓋面者為最佳，下二寸便攙入老根硬節矣。須出重價，專買其蓋面者數十條，……」不下重本，難得好貨，古今皆然。

不只天目山的筍乾好，安徽宣城亦有上品。袁枚真有眼光，也品嘗到上貨，在「宣城筍脯」條，指出：「宣城筍尖，色黑而肥，與天目筍大同小異，極佳。」

至於這種上佳筍乾，又該如何享用呢？《調鼎集》認為：「徽（指宣城）筍取出洗淨，蒸熟，拌麻油、醋，老人最宜。」簡單易行，頗足取法。而用天目筍「泡軟手撕，加線粉作羹。又，青筍乾，切長段，撕碎泡軟，加線粉、筍片、香菇、木耳作羹」，兩者皆名「素鱔魚羹」。這種吃法別致，我尚未品嘗過，哪天心血來潮，或許如法炮製，也算別有食趣。

筍乾極品玉蘭片

大概在三十年前，我到「老萊居」用餐，這是家打著「張大千菜」為號召的小館子，陳設典雅，菜品精潔，手藝不俗。點了好幾道菜，印象最深刻的，卻是一道素饌，名為「玉蘭冬菇」。其中的玉蘭片，味鮮嫩脆，不同凡品，食罷筍鮮尚存，真是饒有滋味。

所謂的玉蘭片，屬蔬菜製品類加工性烹飪食材，乃禾本科多年生常綠木本植物冬筍或春筍的乾製品。古稱玉版筍，北方亦稱南蔘。呈玉白色，片形短，中間寬，兩端尖，其形狀和色澤，很像玉蘭花的花瓣，故有此一稱呼。基本上，它創始於清初，湖南省武崗縣首設工場製作，自其暢銷後，各產筍之地，便紛紛仿製。清人袁枚在《隨園食單》的「玉蘭片」條下，指出：「以冬筍烘片，微加蜜焉。蘇州孫春陽家，有鹽、甜二種，以鹽者為佳。」另，《清稗類鈔》亦記載：「玉蘭片者，極嫩之菜筍，以三、四兩在清水中浸半日，待發透，取出切薄片，去其老者……」可見在清代的菜餚中，玉蘭片已占有一席之地。

主產於長江流域及華南、西南地區的玉蘭片，一向是行銷全中國的高檔乾菜珍品。而它在製作時，須經切根、燒煮、炕烙、熏磺等四道工序；故不論是乾片或磺片，於烹製前，均需用清水浸漂二到三天，如能用淘米水浸泡，效果更佳。另，每天得換水揉洗，接著以溫水漂洗，除盡其硫磺味，假使未漂洗乾淨，食時會帶酸苦味。尤須注意的是，漲發的容器，不能用鐵鍋，否則會變色，降低其質量。

玉蘭片的品種，按採收的時間的不同，可分為尖片、冬片、桃片和春片四種。

尖片又稱筍尖、尖寶，以立春前的冬筍尖製成。表面光潔，筍節緊密，質嫩味鮮，為玉蘭片的極品。

冬片為農曆十月至驚蟄前掘出的冬筍加工製成。片平光滑，節距甚密，質細嫩味亦鮮，品質僅次尖片。

桃片亦名為桃花片，用春分前後剛出土或未出土的春筍加工製成。根部刨尖，中間較大，形彎似桃，肉質稍薄，嫩度夠，味亦佳，較冬片更次。

又名大片的春片，採用清明後出土的春筍製作。節少質老，纖維已粗，齒輪凸出，品質最下，唯耐咀嚼。

上述諸品，凡未經硫磺熏製者，習慣上稱乾片；浸水熏製後，則叫做磺片。

購買玉蘭片時，宜選色澤玉白或奶白色、身短肉厚、筍節緊密、筍片光潔、質嫩無老根、身乾無焦斑、未見霉蛀者為佳。約於每年五月時，新品才上市。而在烹調運用中，雖可當作主料，但常充作配料，每用於湯菜、炒菜、燴菜內，也能做熱炒、大菜的襯底，還可切成粒狀或斬末當餡。如果換個花樣，切絲或批片後，能另成涼拌菜。它更特別的是，尚可供作配菜料、造型料、鑲捲料及調節滋味、口感的原料。在各素饌中，其運用之妙，實存乎一心。

此外，它性味甘平，能定喘消痰。因而《本草綱目拾遺》認為其「淡片，利水豁痰」，凡患有痰症者，似可考慮進食，但要酌量受用。

菜中珍品傍林鮮

現盛產麻竹筍，品嘗一些筍饌，炒、燴、湯、羹皆有，雖然它的纖維比綠竹筍粗些，但仍細嫩適口，同時多點脆度，就在享受當兒，想起童年往事，不禁喜上眉梢，誌此難忘食趣。

當時年方十歲，家住在員林鎮，父親供職法院，全家住宿舍裡，是個日式建築，屋內約四十坪，院子則三倍大，院外景觀特殊，一面是個湖泊，兩側皆為田地，後有一灣溪流，環繞整個竹林，真是個好居所。而竹林的主人，是同學的爸爸，他家世代務農，竹林是其祖產，亦為玩耍之處。我常優遊其中，樂不思歸。在個夏日午後，其父正掃竹葉，我們覺得好玩，在旁邊湊熱鬧，接著就是掘筍，便更加起勁了。那筍塊頭甚大，約有一、兩公斤，把它逐個堆疊，上覆滿滿枯葉，夾雜一些枯枝，然後舉火焚之。

直到日西時分，但聞清香撲鼻，去籜剖半切塊，大家分食完畢，才快樂地返家。這等美好回憶，已超過半世紀，至今回想起來，仍覺十分甜蜜。

約在這個時候，我參加幼童軍，有次舉行野炊，也到那片竹林，老師帶著我等，一起埋鍋造飯，看到竹筍茂盛，採摘整治切塊，與淘洗好的米，煮成一鍋筍飯，飯香筍香融合，吃得好不過癮，真個是小確幸。

後來廣讀食書，在《山家清供》裡，看到一則筍饌，作者林洪寫道：「夏初，林笋盛時，掃葉就竹邊煨熟，其味甚鮮，名曰：『傍林鮮』。」原來這種吃法，並非同學之父首創，而是古已有之，且有漂亮名字，充滿濃濃詩意。林洪接著寫說：「大凡笋，貴甘鮮，不當與肉為友。今俗庖多雜以肉，不才有小人，便壞君子。」並對蘇軾〈於潛僧綠筠軒〉一詩，頗不以為然。因為該詩云：「可使食無肉，不可居無竹。無肉令人瘦，無竹令人俗。人瘦尚可肥，士俗不可醫。旁人笑此言，似高還似痴。若對此君仍大嚼，世間哪有揚州鶴？」畢竟，反對筍與肉同燒，正是士人的清雅，絕不可為嘴饞故，破壞其高風亮節。

而生平無肉不歡的白居易，每食肥豬肉，必連盡三碗，同僚們見狀，戲稱他為「白肥肉」。如此好肉之人，對筍亦難忘懷，曾寫〈食笋〉一詩，詩云：「置之炊甑中，與飯同時熟。此籜折故錦，素肌掰新玉。每日逐加餐，經食不思肉。久為京洛客，此味常不足。且食忽踟躕，南風吹作竹。」認為筍飯之味鮮美，既可促進食欲，同時久而久之，肉也不想吃了。只是居住北方，不能常享此味，聽其言下之意，似乎甚有感概。

我何其有幸啊！竟能比附先賢，嘗過「傍林鮮」和筍燒飯，可惜非綠竹筍，滋味打些折扣，不然更完美了。不過，台灣的麻竹筍，其筍可當蔬菜，其竹則供建材，亦能充做家具，早期移民來台，由於實用性高，備受他們青睞，廣泛種植全島，成為最大宗的竹子。其筍貴在新鮮，如果能在產地，將剛採摘鮮筍，立刻烹煮食用，仍是有滋有味。唐代藥學家孫思邈在《千金食治》載：「竹筍，味甘、微寒、無毒；主消渴，利水道、益氣力，可久食。」而今血糖上升，適合常吃竹筍，想起當年口福，還是常在我心，盼有機會重來。

綠竹筍質美味甘

一代國畫大師張大千，嗜食台灣產的綠竹筍，認為是竹筍中的尤物，無與倫比。而今時令來到仲夏，正是綠竹筍的旺季，趁此際大啖一番，才真是無上口福。

台灣的綠竹筍，以觀音山所產，最負盛名，婦孺皆知。依其產期，可分春筍、夏筍和秋筍。春筍通常於五一勞動節應市，物少價昂；夏筍的旺季在端午節，質佳價平；臨去秋波的秋筍，則在中元節前後，雖近尾聲，不掩其美，但麻竹筍風華正茂，終究已非主流地位。

新北市的綠竹筍，其產量及質量，均冠於全台。而位於觀音山南麓的五股區，更首屈一指。其所以蓬勃崛起，竟肇始於海水倒灌。約在半世紀前，當地經常淹水，耕作收成有限，乃朝山坡地區，全力種植綠竹，由於風土得宜，居然廣種豐收。加上臨近台北，人口激增眾多，銷路不成問題；且酷暑甚難熬，清爽而甜的它，極對人們胃口；何況其低卡路里，乃減肥者的最愛。於是乎天時、地利、人和俱備，造就了此一綠竹筍王國。

其他地方的綠竹筍，筍尖呈墨綠色，筍身長直，筍籜較厚，筍肉偏黃，纖維則粗。然而，觀音山所產的，筍尖為淡綠或鵝黃，筍頭大，筍身短而彎，其狀如牛角，號稱「牛角筍」，外觀易分辨，口感亦有別。後者鮮甘脆嫩，入口無渣，不遜水梨。生食固佳，熟食更美。光是滾鍋一煮，湯汁濃醇似乳，其滋味之美妙，實在難與君說。

清代大食家李漁，深知筍湯之美，曾說：「庖人之善治具者，凡有焯筍之湯，悉留不去，每作一饌，必以和之。食者但知他物之鮮，而不知有所以鮮之者在也。」是以不論筍是否去殼，煮過之湯，絕不輕棄。觀音山之綠竹筍，尤其如此。

一般而言，綠竹筍又分早筍、水筍。一大早摸黑上山，採後賣到早市，外觀尚帶土的，就是「早筍」，其價最俏。而下午再收集，以山泉水浸泡，經分級後，隔早才上市者，即是「水筍」，價格略遜，但其中不乏佳品。

真正影響售價者，仍在筍本身品質。矮胖駝背列首選，高挑苗條每殿後。至於皮綠心空味苦者，當然乏人問津。筍農棄之可惜，通常自家食用。

綠竹筍極耐煮，熱吃誠然不錯，放涼而食更佳。值此炎炎夏日，在放冷後，置入冰箱，要吃隨拿，切塊裝盤，不亦快哉！就我個人而言，偏好直接食用，涼沁心脾，大呼過癮。偶爾和李漁一樣，「略加醬油」，亦能領略其美。最怕加美乃滋，望之不太搭調，食之挺不協調，這種狀況，有如羊羔，味道雖美，但是難調眾口。

猶記得張大千在民國七十年時，曾在家中宴請張群和張學良夫婦等人，其手寫的菜單中，便有一道「紹酒熗筍」。此味經「極品軒」掌櫃陳力榮詮釋，選用上好綠竹筍（冬季改用冬筍），取其細嫩部分，先炸瀝油備用，經醬油、醬油膏、紹興酒等調料大火滾煮後，再轉小火熗透，撈出淋汁即成。成品脆中帶嫩，眾味交融，層次極美。我品享已不下十次，每受用一回，即有新體驗，頗樂在其中。

菇饌奇品燒南北

早在四十年前，首度去俗稱「山西館」的「山西餐廳」用餐，當時和北方菜有緣，先後去過十來次，吃了不少好菜，其中有一素菜，名字甚為有趣，竟叫做「燒南北」，品嘗了好幾次，食材平凡簡單，卻很耐人尋味，擺盤也挺耐看，適合下飯佐酒，堪稱物有所值。

這個尋常素饌。其在蕈菇方面，用香菇及鮮蘑。香菇為乾製品，先用溫水泡軟，去蒂對切成半，留下浸汁備用。鮮蘑在沖淨後，切除根莖留傘。

接著炒鍋入油燒熱，爆香薑末，即放入香菇、鮮蘑翻炒數下，再倒入香菇浸汁、醬油、鹽同燒，可斟酌放點味精，俟湯汁收乾之際，以太白粉水勾芡，務使香菇、蘑菇二者，均沾裹一層薄芡，即可盛起供食。而在排盤時，香菇居正中，蘑菇環其側，成一圓圈狀。臨吃前，再滴星點麻油，尤能潤色增香，胃口隨之而開。

香菇也叫香蕈，它有特異香氣，且經烤製而成的乾香菇，香味尤為雋永，比起鮮品來，另有一番風味與神韻。

中國是最早食用香菇的國家。南宋陳仁玉的《菌譜》中，已有記載，稱：「合蕈（今之香菇）質外褐色，肌理玉潔，芳香韻味發釜鬲，聞百步外。蓋菌多種，例柔美，皆無香，獨合蕈香與味稱，雖靈芝、天花（即鮑魚菇）無是也。」陳乃台州仙居人，當地盛產食用蕈，他透過長期的觀察研究，撰寫《菌譜》一書，書中對故鄉所產的菌類，從生長、形態、色味以及採收等，都有詳盡的記載。

人工栽培香蕈，從施種到收穫，約需三到四年，冬天開始種植。一年而生小蕈；二年而木上掛滿薄蕈；到第三年，如天氣轉暖，則成為厚菇，如天候久晴，便形成花菇。

香蕈以冬季所採摘者，蕈肉最厚，褶紋緊密，邊緣內捲，市面稱為冬菇，味甚鮮美，價格不菲，此即厚菇。而在冬菇中，又以花菇品質最佳，其色澤光鮮，內層褶紋甚密，外表有龜裂狀的花紋，菇柄粗短而柔軟，以產於廣東南雄的最美，播譽大江南北。

香蕈以香氣出名，另有一種氣較不香而滋味尤美之蕈，名曰蘑菇，色白形如紐扣，顆粒較小，傘蓋不張，盛產於內蒙及河北草原，以張家口產者名氣極響，又稱為口蘑。

大抵而言，口蘑為塞外野生蘑菇的統稱，其尤上乘者為「白蘑」，菌蓋渾圓潔白，肉質細密，香氣馥郁，肥嫩鮮美。它一般分成「廟中」、「廟大」、「廟丁」三種。此廟是指位於內蒙古錫林郭勒盟的貝子廟，「廟丁」乃其上上品。次於白蘑的，則是亦名「虎皮口蘑」的「香杏口蘑」，菌蓋略帶黃色，其肉質及滋味，允稱為一絕。

張家口（今張口市）口蘑的加工甚久，早在明代即有作坊，遠銷國內、外各地。早年兩岸音訊不通，店家即透過港、澳或歐、美取得，其「燒南北」能出類拔萃，食材品質不錯，當為主要原因。

其香菇用厚菇，個頭沒特別大，香氣甚濃烈，鮮蘑或許是罐頭貨，後來用洋菇替代。不過，香菇耐嚼香醇，鮮蘑清新脆嫩，兩者同納一盤，算得上是絕配。

菌中明珠白木耳

在台灣的餐館中，香港食家蔡瀾，最愛「三分俗氣」，特別撰文推薦，名揚港、澳等地。該店有道甜點，名叫「冰糖銀耳」，由於選料極精，必用雲南上品，加上燉煮極爛，一旦冰鎮之後，細膩柔滑味透，盛在白瓷碗內，常「二猶以為不足」，必連盡三碗方休，其誘人有如此。可惜近年以來，由於製作費時，加上好貨難尋，不再供應尤物，令我扼腕而嘆。

銀耳即白木耳，因其色白如銀，狀似人耳，故謂銀耳。它為銀耳科銀耳屬的子實體，其狀晶瑩透白，亦有雪耳之譽。民國建立之前，必用野生採集，數量相當有限，乃稀有的珍品，以四川的通江銀耳和福建漳州雪耳，最為世所稱，其價格甚高，非一般人所能問津。

近百年以來，經深入研究，掌握其生態，經人工馴化，培育出新品，個頭大且體輕，雜質少而無斑。一經浸泡，個大如碗，潔白晶瑩，勝似雪白的牡丹花，價錢比較平民，可以經常享用。

銀耳既可鮮烹，也能進行乾製。而在選購上，乾品以色澤白（指蒂頭白、白中呈微黃）、肉肥厚、有光澤、膠汁重、形圓整、鬆且大、底板小為優。一經浸泡後，比起原個頭，重達三十倍，最為理想。如果肉薄，朵形大小不一，帶有斑點，底板偏大，質量較差，務須注意。

銀耳入饌，多作羹湯，鹹甜均可，品類很多。「冰糖銀耳」一味，最為人們熟知。其製法不難，以冰糖和銀耳各半，置砂鍋中，添適量水，用文火燉，成爛糊狀，所謂「火候足時它自美」，味甜香濃。如冰鎮後，腴滑柔膩，尤耐尋味。當成補品，沁人心脾。

源自西安的「枸杞燉銀耳」，常出現於甜品鋪中，港、澳較為常見，台灣亦會現蹤，夏日凍飲，冬則熱服，頗受歡迎。它是以銀耳、枸杞、冰糖、蛋清等一起燉製，香甜可口，紅白相間，相映成趣。有些業者會另加紅棗，外觀更為亮麗，但恐以紫奪朱。

「譚家菜」在中國近、現代史中，堪稱官府菜最重要的一支，正申請列入聯合國世界遺產中。其主人譚瑑青，官宦世家子弟，精於飲食品鑑，夫人皆善烹飪，趙荔鳳尤知名，灶上功夫了得，馳譽大江南北。她有一道素菜，出自慧心巧手，名為「銀耳素燴」。它是用野生銀耳為主食材，而以髮菜、胡蘿蔔、萵笋、鮮蘑為配料，經蒸、焯、煮等工序，最後勾芡製成。其特點在於食材有紅綠黃白黑五色，呈現五彩繽紛，除清淡鮮美外，並可爽口解膩。

在製作此菜時，造型極為重要，髮菜揉成算珠狀，萵筍及小紅蘿蔔均切成蘑菇狀，整齊排列在銀耳周圍，將清湯勾薄芡，均勻澆上即成。如果沒有蘑菇，改用小的香菇，一樣可以展現。

銀耳的功用甚多，對補肺虛、止咯血、潤肌膚、治便祕等，有其補益。經常食用，功效自見。

菌醬油鮮美絕倫

二〇一五年冬，宿於蘇州南園，而且是古蹟蔡貞坊七號（又稱麗夕閣、七號樓）的二樓，此房間改建自蔣緯國將軍青少年時的書房，幾乎保留原貌，用現代化設施，古典中又便利，連住兩晚，流連園中，真樂事也。

南園對面的「同得興麵館」，其「楓橋白湯麵」大享盛名，我於次日中午慕名往嘗，沒想到剛關灶，撲空而返，離去前清晨，氣溫僅五度，我七點即到，店內沒客人，吃到頭湯麵。點的是當令的松菌麵，湯以松菌熬製，菌則於油燜後，切片列小碟內，望之甚為清雅；細麵如銀梳狀，置於白湯之上，格調滋味俱優，食罷兩頰生津，頓覺通體舒泰，真是個美好早晨，一直回味至今。

然而，這種當令鮮食的松菌，平日難以品享，但它可製菌油，或稱為松菌油。滋味極鮮極甘，不但可以拌麵，甚至可供烹調，化尋常為珍奇。

此一產自浙江宜興山間松林的鮮菌，因季節而異其名，產於春日者，俗稱「茅柴菌」，又叫「桃花菌」；產於秋日者，則稱「雁來菌」。製作甚為講究，一絲馬虎不得。先去其根，以水洗淨，用醬油（須極品的三伏秋油）以文火熬之，煮半熟時，多添醬油及老薑數片，而所不能少的，為燈芯草一束，目的在去其毒。而在熬畢時，以瓷器存儲，並封嚴瓶口，自食饗客兩相宜，如果收到此一尤物，自然是無上的口福。

藝壇名家許姬傳，擔任過梅蘭芳的祕書，兩家關係極深，時有酬酢往來。他本身是宜興人，由於祖母朱太夫人、母親徐玉輝及四嬸母任杏元也是宜興人，皆精於烹飪，是以其家常菜，全有著宜興風味；日後汲取各地風味，形成獨樹一幟的「許家菜」。許老表示：每到春末深秋，「我家就有這一特製醬油，蘸白切餚饌，確是極佳，假如燒豆腐，亦不遜於『溜蟹糊』也（此菜一名『賽螃蟹』，乃許府名菜）」。

許氏憶及他家所熬製的菌油，是他所吃各式松菌中，最鮮嫩的一種。在吃完陽澄湖螃蟹後，用菌油下碗麵，滋味足以匹敵，其絕佳的味道，由此可見一斑。

其實，比起宜興的松樹菌來，江蘇常熟所產的，毫不遜色。這種生長在松樹林中，形狀似傘的高等菌類，盛產於虞山之嶺，當地遍植松林，菌產量可觀，其品質特佳，每製成菌油，南貨店有售，卻極為搶手。吾家亦嗜此，據家父口述，用它佐粥、燉豆腐及拌熟麵條，風味至佳；如再加鮮菌一起燴去骨鴨掌，則為家鄉高檔宴席中的大菜，自是非常名貴。

常熟虞山下的「王四酒家」（店主名王祖康，排行第四，人稱王四），因民初詩人易君左題詩而遠近馳名，詩云：「江山最愛是才人，心自能空尚有亭。王四酒家風味美，黃雞白酒嫩菠青。」店家向以「山餚野蔌」著稱，松樹菌即為野蔌之一種。先將松菌撕去膜衣，洗淨泥雜，放入開水中焯燙，瀝乾水分，置菜油於鍋中爆透，加些菌油及佐料，俟起鍋後，再淋些熟菜油即成。

此菜菌鮮美、油清香、味絕倫，集三美於一盤中，饕客們接踵嘗鮮，譽之為「菜中之王」。

誠意十足長壽菜

「長壽菜」又名燒香菇，為明代的宮廷名菜。切莫視今日常吃的香菇為等閒，它曾是食用菌類的上上品，素有「菌中皇后」之稱，向為素菜之冠。早在宋朝《山家清供》一書中，即可看出其端倪。到了元代時，王禎的《農書》裡，更記載它的具體種植方法，並言及「新採趁生煮食香美，曬乾則為乾香蕈」，因而號稱「香蕈」，亦名香菇。

據浙江《慶元縣志》記載：李師頤在〈改良段木種香菇〉一則中，表示「諸父老相傳，龍泉、景寧、慶元三縣種菇，始於元末明初。明太祖奠都金陵，因祈雨茹素，苦無下箸物，劉基以菇進獻，太祖嗜之喜甚，諭令每歲置備若干，列為貢品。」此為香菇列為貢品之始。

劉基字伯溫，浙江青田人，元末進士，有廉直聲，明太祖登基，以功封誠意伯。文章「氣昌而奇」，允為一代文宗。當明代建都金陵（今南京）不久，正遇大旱，災情嚴重。明太祖朱元璋為了祈佛求雨，示與百姓同甘共苦，帶頭齋戒數月，胃口愈來愈差。劉伯溫從龍泉縣返回京城，帶上家鄉特產的香菇，浸泡之後，燒製成菜，獻給皇帝品嘗。皇上尚未送口，即聞陣陣香氣，舉筷食罷，軟熟適口，鮮美異常，特賜名「長壽菜」，成為宮廷佳餚，四時享用不輟，留下一段佳話。

基本上，中國是最早食用及栽培香菇的國家，分別在春、秋、冬三季，生長在麻櫟、赤楊、毛櫸、楓香等兩百多種闊葉樹種的段木上，其中又以檀香樹上所產者香氣最濃，乃不可多得的珍品。

香菇按其品質，可分為花菇、厚菇、薄菇及菇丁。花菇之菌蓋，呈菊花瓣狀色紋，形圓整邊緣內卷，菌傘肥厚，質鮮嫩，香氣足，以霜雪後久晴所產者為上品，一稱北菇。其經烤製而成的乾香菇，醇厚香郁，風味比鮮品更加雋永。早年從日本進口的大花菇，一度成為最佳的伴手禮。

至於台灣的香菇，則以桃園市復興區角板山所產的，品質特佳，播譽四方。此地在栽培之時，使用的香菇原木，主要為金剛樹、松香木，加上氣候適宜，因而一支獨秀，香、嫩、甜、脆俱全。大致分柴菇、包仔菇二種。前者柄瘦，奇形怪狀；後者柄粗，生產快速。其在風味上，遜柴菇一籌。

在烹調運用時，由於它是素食的名貴食材，主要用於配製高級葷菜，以及製湯、冷拼，亦常出現於食療菜餚。

香菇既可作主料單烹，又能充輔料配用，適用於滷、拌、炒、烹、煎、炸、燒、燉和扒等多種烹調方法。其最名的素菜有「半月沉江」、「香菇銀杏」、「栗子冬菇」、「清燉冬菇湯」、「香菇菜花」、「滷花菇」、「燴雙冬（指冬菇、冬筍）」等。我尤酷食後者，此菜以前為台北江浙館子的高檔菜，先將花菇或厚菇浸軟發透，必須用小火燜煮，使其吸足湯汁，再加冬筍同燒，除軟熟適口外，滋鮮味美極香。

至於漲發完乾香菇的汁液，乃調味與製湯的佳品，不可輕棄。又、新鮮的香菇，經炒或炸後，鮮甜脆香，挺有嚼感，與冬筍合炒的「炒二冬」，尤為節令名菜。而以鮮香菇置於火鍋內，特別生香鮮爽，但此菇至少得要厚菇，才能品嘗出好味道，如果用薄菇或菇丁，那就大為失色了。

為止癭瘤出奇招

林森這個人有意思，他是福建閩侯人。清光緒十二年，曾赴台灣求職，考入電報學堂，後加入同盟會。民國肇建，歷任要職，自一九三一年起，出任國民政府主席，為人淡泊，為政清廉，平生雅好古董字畫，且立遺囑捐贈博物館，備受時人敬仰。

某日，有位朋友對他說：「你收藏的古玩，應有些是贗品吧！」他則微笑回應：「反正再過幾百年，就會變成真的『古董』了。」詼諧以對，高人一等。

八年抗戰時，他居住重慶，由於少海產，見人得癭瘤，皆束手無策。幸好當時的大後方，與上海、香港等地，尚可通平信，但郵包則不通。遂心生一計，特地寫信給沿海朋友，請他們將紫菜夾入信封內，再分批寄出，竟一一收到。於是大家如法炮製，在夾帶成功後，救治了不少人。這招瞞天過海，和他蒐集古玩，或恐異曲同工。

紫菜為海藻類植物，原為青色或紅色，曬乾之後，其色變紫，故稱紫菜。它的葉子很大，生長於淺海岩石之上，像是石衣，其薄如紙，漁民摺疊為餅，可以久藏不壞。富於營養，味更鮮美，乃上等海菜。中國所產者，以福建之福清、浙江鄞縣之姜山，以及鎮海之招寶山為上品，但產量有限。日本、韓國之沿海，則有大量出產。製成之紫菜衣，常用來包飯或做壽司，製作簡便，拈起送口，清爽宜人。

紫菜含碘甚豐，可以經常食用，但是不可多吃，食多令人消瘦。它的醫療作用，據元代名醫朱丹溪云：「凡癭瘤結核之疾，宜長食紫菜。」《食療本草》一書，則記載著，「主治熱氣煩塞咽喉，煮汁食之。」

所謂癭瘤症，即近時之甲狀腺腫，有「大脖子」、「粗脖根」等叫法，乃體內缺乏碘質之故，古名「氣癭」。在雲南、貴州等省，患者極多，隨處可見，皆因所食之鹽，缺乏碘質所致。紫菜吃多以後，自可不藥而癒。另，紫菜和海帶，均能防止血管硬化，此即古人所謂的「鹹能攻堅」。惟據近世研究，均為含碘豐富之故。蓋碘為變質劑，能分解人體各種硬組織，使之軟化，無論淋巴、血管皆然。經查血管硬化，為高血壓原因之一，故它間接亦能治療一些高血壓患者。

清代名醫王孟英認為，性質甘涼的紫菜，除治癭瘤、腳氣外，尚可「和氣養心、清煩滌慮，治不寐，利咽喉」及開胃，好處真是不少，同時物美價廉。

話說回來，由於紫菜具備質嫩味鮮、易溶於水的特點，尤宜做湯。最平常的，莫過於紫菜蛋花湯，想吃豪華些的，可燒成「五色紫菜湯」。其搭配之物，分別是香菇、玉蘭片、豌豆苗和胡蘿蔔，調以高湯、精鹽及胡椒粉，再澆淋若干麻油即成。成品五色兼備，質地鮮嫩，既賞心悅目，且馨香味醇，實為湯中雋品，甚宜夏日食用。

輕身妙品有瓊脂

現代人四體不勤，老是想輕身延年，於是各類型食品，覬準其龐大商機，莫不號稱減肥，而且無副作用，吸引眾多消費者。其中有個「寒天」的，由東瀛引進後，因為大打廣告，知名度遂暴增，本以為是新品，等到知其原委，居然就是瓊脂，本少利溥，財源廣進。

瓊脂是一種植物膠類佐助烹飪食材。又稱石華或石花菜膠、雞腳菜。取自海中砂石間之隱花植物，纖細分歧，高四、五寸。其品非一，有紅藻門石花菜，或江離、麒麟菜等藻類。古法在夏令以醋炒過，加水煮溶，冷卻之後，狀如膠凍，然後食之。當下台灣東北角海岸，如北關、大溪、大里等處，常見叫賣此物，稱石花膏或石花凍。如果進一步加工，經煮提取膠質，再經凍結、脫燥，即可製成此品。其主要之成分，為多聚半乳糖的硫酸脂。日本名心太草、凝海菜或天草，常用來當細菌學家培養細菌之基質，特稱寒天培養基，不在其內加醋，極易感染菌類。

另，瓊脂的成品，名堂可多啦！有條狀、片狀、塊狀及粒狀等。其條狀者，古稱素燕窩，又叫凍粉、洋粉、涼粉、洋菜、海菜、大菜；其他形狀者，則稱橘膠、凍脂、瓊膠。由於積非成是，大陸不少地方，早已二者混稱。海峽兩岸均產，以質地柔韌，色澤光亮，乾燥體輕，潔白無異味、無雜質者為佳。

以海藻製膠，早在明代時，《本草綱目》即謂：「（石花菜、麒麟菜）二物之浸，皆化成膠凍也。」清代已有瓊脂製成的食品，如《隨園食單》之「石花糕」，以及《本草綱目拾遺》引《月湖筆藪》之「素燕窩」等均是。而在烹調運用時，將條狀者先洗淨，經切段後，可以拌作涼菜，且與豆乾絲等料配用，食來柔脆，細腴適口。它更多的時候，每充作甜菜、甜點或果凍，如桂花凍等；而常吃的羊羹、杏仁腦及布丁，其膠狀凍狀成分，全得自於瓊脂，運用相當廣泛。

此外，在食用瓊脂之再製品時，它的分身本可多著哪！像果醬、糖果的凝膠劑；冰淇淋、冰棒的固定劑；啤酒和葡萄酒的澄清劑等，皆非此物不可。我的朋友葉君，在夏燄高張時，常會運用瓊脂，製成水果凍、茶凍、咖啡凍和奶凍等去暑，技藝熟練精準，甚受大家歡迎。我曾看他施為，有次做鳳梨凍，但見鳳梨先行切片，接著將它放入容器。取出適量瓊脂，加開水和白糖，經熬化成汁後，再倒進容器中，等到完全冷卻，置於冰箱凍凝，就算大功告成，可以取出供食。

瓊脂除含碳水化合物外，亦合碘、鉀、鈉、鈣、鎂及其他微量元素。它能化痰結，並清肺、胃虛火。凡外痔紅腫不能行走，食之應能止痛消腫。又，瓊脂尚有降血脂的作用，對動脈硬化及患高血壓者，有改善之功。

但是任何食物，有益亦必有弊。由於瓊脂性寒，孕婦、大便溏薄、身體虛弱、消化不良者，務必謹慎食用。以免未蒙其利，身體反受其害。

INK PUBLISHING 文學叢書 627
素說新語

作　　者　朱振藩
總 編 輯　初安民
責任編輯　林家鵬
美術編輯　黃昶憲
校　　對　朱振藩　孫家琦　林家鵬

發 行 人　張書銘
出　　版　INK 印刻文學生活雜誌出版股份有限公司
新北市中和區建一路249號8樓
電話：02-22281626
傳真：02-22281598
e-mail：ink.book@msa.hinet.net
網　　址　舒讀網http://www.inksudu.com.tw

法律顧問　巨鼎博達法律事務所
施竣中律師
總 代 理　成陽出版股份有限公司
電話：03-3589000（代表號）
傳真：03-3556521
郵政劃撥　19785090　印刻文學生活雜誌出版股份有限公司
印　　刷　海王印刷事業股份有限公司

港澳總經銷　泛華發行代理有限公司
地　　址　香港新界將軍澳工業邨駿昌街7號2樓
電　　話　852-27982220
傳　　真　852-27965471
網　　址　www.gccd.com.hk

出版日期　2020年 5 月　初版
ISBN　978-986-387-336-5
定　價　350元

國家圖書館出版品預行編目資料

素說新語／朱振藩著
--初版, --新北市中和區： INK印刻文學,
2020.5　面；　公分.（文學叢書；627）
ISBN　978-986-387-336-5　（平裝）
1.飲食 2.素食 3.文集
427.07　109003925